U0231708

"传媒艺术学文丛"编委会

编　委　胡正荣　苏志武　廖祥忠　仲呈祥　徐沛东　胡智锋

　　　　段　鹏　王　宇　伍建阳　周　涌　贾秀清　李俊梅

　　　　黄心渊　关　玲　李兴国　路应昆

主　编　彭文祥

副主编　付　龙　邢北冽

新 媒 体 与 艺 术 系 列 教 材

数字媒体创作

黄心渊 蒋希娜 等 ◎ 著

中国传媒大学 出版社

·北京·

序
Preface

随着计算机基础、网络技术和数字通信技术的高速发展与融合，数字媒体产业规模持续上升，相关人才需求量大增，与时偕行，国内各大院校纷纷开设了数字媒体艺术或技术专业。作为一门应用型学科，创作方法是数字媒体课程体系的重要组成部分。为了推广本专业实践教学的科学方法与手段，提高学校的人才培养质量，帮助同学们更好地掌握数字媒体作品创作技巧与原则，我们编写了《数字媒体创作方法》一书。

根据数字媒体行业发展现状与趋势，本书围绕企业对数字媒体专业的人才需求，结合典型案例，分别对网络影片、互动游戏和网站应用这三类作品的创作方法进行论述，并侧重介绍了各类作品的基本创作流程和高阶技巧，力求在内容上体现科学性、实用性和可操作性，在实践创作上具有指导作用。本书可作为普通高等学校数字媒体相关专业学生的补充教材和课外书籍，也可作为数字媒体行业创作者的业务参考书。

本书主编为黄心渊，第一部分网络影片创作由刘书亮、张婧雅负责编写，分析总结了影片语言系统特征和网络实拍影片的创作流程；第二部分交互游戏类作品创作方法由陈柏君、刘昕宇、蒋希娜负责编写，介绍了游戏策划、开发和测试等创作环节；第三部分网站应用类创作方法由蒋希娜、杨冷冷负责编写，结合具体案例介绍了网站、应用和移动专题页的开发流程与高阶技巧；由黄心渊、蒋希娜对全书进行了统稿和审定。

本书编写过程中，参考并引用了国内外相关资料和文献，在此谨向有关作者致以谢意。

由于编者时间和能力有限，文中难免有不足之处，敬请给予批评指正！

2016 年 8 月

目 录
CONTENTS

第一章　网络影片创作方法

Wang Luo Ying Pian Chuang Zuo Fang Fa

- 电影语言系统：影片的"语法"
- 网络影片的特征
- 数字合成与特效技术
- 网络实拍影片的创作流程

第一节　电影语言系统：影片的"语法"

通常以 1895 年卢米埃尔兄弟放映世界上第一部电影作为电影的起始标记，这意味着电影走过了一个多世纪。这对于一门艺术来说尚且不是很长的时间——相比之下，文学、雕塑、音乐这些艺术形态已经久远得让我们无从考证它们诞生的时日——但电影语言在电影年轻的生命中已然发展得相当庞大和复杂。

这或许和电影与我们日常生活中使用的自然语言以及文字并不完全相同有关。从 20 世纪 60 年代兴起的电影符号学在对电影媒介和人类日常生活中使用的自然语言之间做了比较后，发现了二者诸多内在的结构差异。比如说，自然语言体系里那样的"语法"在电影中实质上是不存在的，因为语言文字的符号是现成的、已经约定好的，而电影画面里的内容显然不是；再比如，镜头和日常语言或文字中的词不能相提并论，因为电影的画面是丰富的，一个镜头内所展现的内容往往需要一句话甚或好几句话才能说得清……这样的例子可以举出许多[①]。简单来说，电影不像语言文字那样符号和结构那么稳定，而是多变的，并且即使是一段时长很短的影像也传达了很复杂的内容，电影的这些特质让电影的表达手段更为丰富。

尽管如此，电影创作者们仍然将"电影语言"或者"电影视听语言"的提法保留下来，创作者和学者们仍很自然地提起电影的"语法"。我们习惯于说电影是一种"语言"，这多半是由于我们看到了某种"讲述"的过程，常能从电影当中获得一个娓娓道来的故事。如今，电影语言这个概念特指电影中视觉和听觉方面的种种成规和惯例，包括各种镜头的拍摄方法和组接方法等等[②]。

一、电影语言演进小史

电影语言的发展经历了漫长的过程。我们能够看到的最早的电影，是卢米埃尔兄弟的《火车进站》《工厂大门》《水浇园丁》等短片，这些影片于 1895 年首次公

---

① 可以参看让·米特里的著作《电影美学与心理学》或《电影符号学质疑》。
② 戴锦华. 电影批评 [M]. 北京：北京大学出版社，2004：4.

图 1.1　卢米埃尔兄弟的《水浇园丁》，电影的最初形态

开放映。在今天看来，这些影片均使用了全景的景别，并且是没有剪辑的单镜头作品。这便是电影的最初形态。

后来，乔治·梅里爱发明——更准确地说是偶然"发现"了——剪辑的妙处。当他在巴黎的街头拍摄时，摄影机突然卡住了，过段时间后重新正常工作。于是在最终形成的电影中，画面里拍摄到的一辆车突然一下消失了。梅里爱当时拍成的影片已经遗失，这个故事也有很多其他的有趣版本，但无论如何，这便是电影史上最早的剪辑，它来源于机器的突发故障，却成为电影语言发展的起点。梅里爱把这种初级的、处于婴儿期的"停机再拍"机制的电影剪辑手段和他热爱的魔术事业结合到一起，创作了很多带有魔术表演性质的电影。

"停机再拍"所形成的效果，其实也就是我们现在所谓的切镜头了。而除了切镜头之外，梅里爱也发明了电影中数种其他常见的"视觉标点"，包括叠化和渐隐、渐显等等，它们用各自不同的方式隔开相邻的两个镜头，而且形成了不同的意味。如果用自然语言文字来类比的话，叠化和渐隐、渐显也许相当于文学上的省略号，或者是在其后将会另起一段。

电影语言的突破性发现，在随后的几年中不断发生。英国人乔治·艾尔伯特·史密斯是另一位电影语言的早期创新者，他是最先使用特写镜头的人，其尝试从 1898 年就开始了。1903 年，埃德温·鲍特开始使用初阶的连续性剪辑完整地讲述事件的始末过程。例如在《消防员的生活》中，他通过剪辑展现了完整的故事。

消防员来到着火的楼门口，营救二楼的一对母子。通过从室外和室内两个不同场景拍摄的镜头先后拼接，鲍特完成了消防员先救了母亲，又回屋里救了孩子的完整叙事，其相邻两个镜头的拼接正如同我们在日常表达中所说的"然后"，属于连续性剪辑的最普遍形态。连续性剪辑在保持叙事时间连续的基础上，打破了空间的连续性。这是电影语言演进上的又一次突破。1907 年，法国人夏尔·百代在《拴住的马》中实现了平行剪辑——它表达出的则是相当于日常语言中"同时"的意味。

　　上面提到的这些实验往往是片段化的，而大卫·格里菲斯将其发展成风格。总体上来说，格里菲斯并非一位电影语言的"发明家"，却是他——而不是卢米埃尔兄弟、梅里爱或者鲍特——被后人誉为"电影之父"，因为他将他之前时代的各种视听语言在自己所执导的作品中稳定下来。尤其是电影学者们将格里菲斯所确定的这些剪辑手法称作"经典剪辑"或"连续性剪辑"，它们在其执导的作品《一个国家的诞生》中达到了巅峰。这些经典剪辑手法达到了使沉浸于剧情的普通观众常注意不到它们的存在而忘记剪辑过程的美学标准，它们至今仍滋养着绝大多数实拍叙事影片的创作，也成了好莱坞的标准剪辑模式与规则。格里菲斯时代的影片中已经呈现了一些新的概念，譬如各种景别之分。

　　规则的建立意味着它可以被打破，主流的惯例永远不是唯一的选择。后来的电影史和电影理论史对连续性剪辑的反叛是多样的。苏联蒙太奇学派是其中尤为重要的一个。它出现于 20 世纪 20 年代中期，以库里肖夫、爱森斯坦、维尔托夫等人为代表。作为从建筑学中借用的术语，蒙太奇的核心所指，是对电影中的各类元素进行拼合与组装——从技术手段上说，蒙太奇也便常常意味着剪辑。蒙太奇学派的总体美学观念，是重视通过剪辑/蒙太奇完成新的意义生发，单镜头不表意，而意义来源于镜头的相接，两个镜头相接将产生"1+1>2"的效果。蒙太奇对电影语言和电影美学的意义是巨大的，可以说在电影符号学之前的传统电影美学体系多半都与蒙太奇有关联。

　　库里肖夫曾做过一个重要实验，说明了蒙太奇的这种作用（史称"库里肖夫效应"）。他用苏联著名男演员莫兹尤辛的同一个面无表情的特写，分别和三个镜头剪辑在一起：一碗汤、一口棺材和一个玩耍中的小女孩。库里肖夫把三段影像放映给观众看，惊人的是，观众普遍认为第一段影像中，男人在沉思，带着某种饥饿感；第二段影像里，男人显得悲伤；在第三段中观众则看到了男人对女孩父爱式的关怀。这说明镜头拼接在一起时，确实能够传达出某些新的意义。

图 1.2　格里菲斯《一个国家的诞生》

　　爱森斯坦的名字或许和蒙太奇有更紧密的联系。爱森斯坦的思想核心在于，被剪辑到一起的镜头会产生碰撞和冲突。他反对好莱坞所发展出来的那种连续性剪辑，拒绝在自己的影片中营造过于线性的时间幻觉。他既是电影导演也是学者，写有很多著作。他旁征博引，创造性地使用了很多其他领域的概念和思路构筑他的理论大厦。爱森斯坦也独创了很多概念，譬如"吸引力蒙太奇"——或许是他提出的最重要概念之一——主张不在戏剧动作固有的逻辑框架内静态地反映事件，而是把随意挑选出来的、各自相对独立的镜头自由加以组合，通过镜头之间的冲突产生出特殊的吸引力，为观众带来具有震撼性、惊奇性的体验。

　　爱森斯坦的观念内核便是"冲突"。镜头的冲突可能产生隐喻。一个著名的例子是《罢工》当中，罢工工人被镇压的镜头与屠宰场杀牛的镜头被剪在一起，就呈现了一种两个场面之间的隐喻关系。这或许是他最著名的蒙太奇段落之一。

　　出现于 20 世纪 50 年代末的法国新浪潮电影是对好莱坞主流电影叙事模式的

图 1.3　爱森斯坦《罢工》

又一次巨大颠覆。虽然在新浪潮之前，还有 20 年代以法国与德国为主要阵地的先锋派电影运动，以及 40 年代的意大利新现实主义电影运动这两次重要的电影思潮，但在视听语言的演进方面，新浪潮运动具有不可替代的重要性。法国电影新浪潮的代表导演有戈达尔、特吕弗等人，他们创立了新的剪辑方式。最具影响力的是"跳切"的剪辑手段，它刷新了单个镜头与不同镜头的原有关系，并以新方式打破了叙事时间的连贯性，为视听语言注入了全新的活力。新浪潮导演还取消了主流连续性剪辑中的 180 度轴线原则，形成特殊的"越轴"效果。在戈达尔的名作《精疲力尽》中，跳切与越轴随处可见。

除此之外，新浪潮也会大量使用空镜头，以及和故事主线并没有直接关联的段落，有时候还会特意省略一些关键情节，这是对电影叙事的创新之处。

安德烈·巴赞可以算是与新浪潮同时代的电影批评家和学者，新浪潮运动的很多初出茅庐的导演同时也是巴赞创办的杂志《电影手册》的撰稿人。巴赞主张一种现实主义的电影美学，认为电影本身的美学属性是"现实的渐近线"，而蒙太奇却让电影远离了现实，因而他提出蒙太奇在一定程度上应被禁用。巴赞力挺长镜头 / 景深镜头，他分析了 1941 年奥斯·威尔逊的《公民凯恩》等作品，阐发了不依靠蒙太奇的长镜头的美学价值。可以说，巴赞和蒙太奇学派是站在了电影美学针对蒙太奇和剪辑技法这一问题上的两极。

二、网络时代的电影语言

电影语言的演进历史当然是个复杂的问题，是个庞大的体系。篇幅所限，教材中并不能讨论得很细致。但总体上看，（实拍）电影的本质在于通过拍摄来记录运动，电影语言的本质则可以总结为两点，即通过镜头呈现某个时空，通过多个镜头的组接重构时空。

但在电影诞生一百多年后，今天的电影拍摄和制作多数还是以连续性剪辑为根基的。在好莱坞，爱森斯坦的蒙太奇手法没能得到足够的传承和发扬，基本上是演变成了某种"视觉特效的变体"[①]。不过如今我们在MV（音乐录影带）当中却常常可以看到爱森斯坦剪辑思想的影子。或许流行音乐（在一定程度上）诗化的歌词以及商业上普遍需要的奇观性与煽动力，都成为MV创作朝此方向发展的内在驱动力。

图1.4 戈达尔《精疲力尽》

---

① 考尔克.电影、形式与文化 [M].北京：北京大学出版社，2013：131.

图 1.5 网络辩论节目《奇葩说》虽然更加随意，但和电视节目没有颠覆性的区别

图 1.6 《爸爸去哪儿》中使用的隐喻性蒙太奇

MV 这种影像形态是在 20 世纪 80 年代美国音乐电视台（MTV）成立之后开始向大众普及的。此时电视媒介已经发展出一些节目类型。电视的家庭性使得它发展很快。如今我们能看到电视剧、晚会、新闻资讯、访谈、真人秀等多种电视节目类型，它们中的一部分直接影响了新媒体视频节目的样态。对于虚构的叙事片来说，电视剧和网络剧、网络微电影都沿用了电影语言体系，几乎没有（也确实很难有）突破；对于真人秀和综艺节目来说，也只是略有区别。

因为娱乐需要，目前在不少中规中矩的电影中并不常见的电影语言，在很多电视节目和网络节目中反倒更加常见，比如偶尔出现的隐喻蒙太奇。《爸爸去哪儿》第三季第一集中就有这样的段落：康康在抢凳子游戏中双手合十的镜头，和风吹动花草的特写镜头以及一棵静穆大树的全景镜头剪辑在一起，从而试图描画出康康面对压力"心如止水"的境界来。很多相似的例子可以证明，如今的娱乐节目正在以更有活力的方式剪辑。当然，在这些节目当中，隐喻性蒙太奇的使用目的并非控诉强权的镇压或歌颂革命力量等，而基本是为了增添节目的喜感，本质上是真人秀对宏大叙事影院电影的某种戏仿。

新浪潮的很多手法现在也已经很常见了，我们不再会因为偶然出现的跳切而惊讶。跳切在像"富士康质检员搞笑视频"这样最普通的、快餐化的网络视频中也会被大量使用。

再说巴赞的长镜头理论。虽然很多电影学者都在批评巴赞的理论，或争相为蒙太奇正名（比如米特里），但巴赞确实为人们指明了电影的另一个方向。如今"一镜到底"已经成为调度精巧、设计细致的代表形态之一，很多影片创作者都愿意追求或至少赞许"一镜到底"的制作方式。亚利桑德罗·冈萨雷斯·伊纳里多执导的《鸟人》就是电影领域"一镜到底"与复杂调度的代表之作——虽然实际上整部电影也并非完全由一个镜头拍成。网络上也有很多一镜到底的尝试，黄渤在 2012 年就曾亲自执导并主演了一部"一镜到底"的微电影《2B 青年的不醉人生》。

总之，电影语言在电视媒介的强势之下依然被最大限度地保留下来，且在新媒体时代延续着生命。所以，这一整套拍摄制作的成规惯例已经不再是电影独享的，而是为实拍虚构叙事影像所共享的。本教材中使用了"电影语言"，而没有使用目前流行的"视听语言"的说法，主要原因在于动态影像的听觉属性是一门相对独立的学问，它和视觉方面的电影语言并驾齐驱，构建了我们今天所看到的五花八门的影片。

图1.7 《鸟人》是"一镜到底"与复杂调度的代表

第二节　网络影片的特征

通过移动端在线收看视频的用户数量越来越多，甚至很多视频播放平台的移动端播放数量已经超过电脑端，网络媒体对传统电视媒体的冲击已成事实。网络影片虽基本上沿用了传统大众影像艺术的形态：从影院电影到网络微电影，从电视剧到网络剧，从电视综艺与真人秀到网络综艺与真人秀……这些形态并未发生根本性的改变，从电影电视到新媒体，没有显著的断层，它们也共享着一整套电影视听语言的创作方法论（详见本章第一节），但是网络影片仍呈现出一些不同的特征。

一、日渐缩短的篇幅

微电影和网络剧为了适应网络传播，篇幅有短化的倾向，以符合网络平台观众的碎片化时间。微电影的"微"就同时意指了"移动端"和"短篇幅"两个含义。网络剧的短化倾向就更明显。国内电视剧的每集长度普遍在40分钟左右，但网络剧则长短不一，每集时长差异很大：既有每集四五十分钟的《无心法师》和《盗墓笔记》，也有每集 30 分钟左右的《灵魂摆渡》，还有每集 20 分钟的《白衣校花与大长腿》，以及每集时长从 5 分钟到 10 分钟不等的《万万没想到》，等等。没有了电视播出时段的严格时间限制，网络剧的时长显得异常灵活。在被有些媒体称为"中国网络剧元年"的 2014 年，全年全网一共制作推出了网络剧 205 部，其中最多的就是单集时长不足 10 分钟的剧，有 90 部——占到了 44% 的比例；单集时长 5 分钟以内的剧更是有 26 部之多①。

网络动画方面，这种短化倾向更加明显。这可以部分归因于动画本身的制作流程与周期。实拍影片的拍摄单元是镜头，但动画（如果是逐帧动画）的制作单元则是帧。因此动画的制作显得更加复杂，篇幅往往较短。像《飞碟说》这样的每周更新的知识讲解类动画，每集只有 3～5 分钟；剧情动画《功夫兔与菜包狗》每集 8 分钟左右，并且在第一季正片系列后推出了名为"推倒小伙伴"的每集仅有十几秒的超短篇系列。

二、新风格的形成

国内对网络的审查机制与影院和电视媒体不同。网络影片在题材上的选择更广，在表达手法上更自由。这直接促使网络影片朝娱乐化的方向发展。这种趋势渐

图 1.8　网络剧《无心法师》

---

① 数据来自"骨朵网络剧"。

图 1.9 《功夫兔与菜包狗》

渐稳定下来，甚至能形成特定的类型与风格。或许《万万没想到》是其中最为突出的案例之一，它被称为"2013年网络第一神剧"。《万万没想到》对中国国产网络剧的风格影响巨大。

2010年，中国传媒大学南广学院的几名学生以"cucn201"为名，自发录制了日本搞笑系列动画《搞笑漫画日和》的中文配音，甚至重新创作了片头曲和片尾曲。放到网上之后，视频以极快的速度传播开来。有三个元素在短时间内成为网络娱乐文化的新基因：一是吐槽文化，二是飙升的语速，三是大批流行语。几年之后，他们打造了《万万没想到》，直接继承了上述三个基因。加上剧中对中国历史、传说和经典的戏仿完全契合了互联网的狂欢属性，因而影响深远。2013年之后，在众多网络作品中都可以看到《万》的影子，它由此成为国内网络剧的标准模式之一。

在网络动画中承袭了《搞笑漫画日和》基因的作品，以2012年的动画版《十万个冷笑话》为代表。后来其影院动画2014年在票房上令人满意的表现，也证明了这一风格已经形成，并转而影响了传统影像媒介。

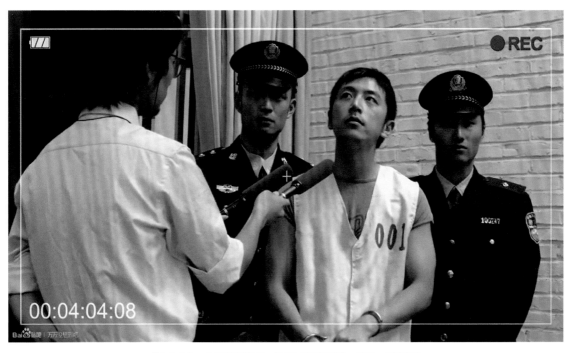

图 1.10　万万没想到，《万万没想到》成了一部神剧

图 1.11　《十万个冷笑话》，在网络动画之后推出了动画电影

三、过度娱乐带来的问题

新媒体环境下过度的娱乐化也带来了颇为严峻的问题：人文精神被弱化，道德底线一再降低，作品只看重话题性和奇观性，常常忽略了制作质量和艺术水准。实际上这是新媒体时代的通病，问题不只存在于网络影片当中，而是遍及了新闻与传播、广告行业、消费购物等诸多领域。

这种境况和互联网自身的"玩具"属性关系密切。20 世纪 90 年代中期开始，互联网进入了大众普及的阶段。从那时候起，互联网被大家津津乐道的功能不仅有邮件传输或者资料查阅这些便利工作、提高效率的功能——攫取了更多普通人目光的，是在线聊天室、BBS、网络游戏、网络视频等等。也就是说，互联网是以一种"技术玩具"（保罗·莱文森笔下的玩具）的身份进入大众视野，它意味着匿名和自我隐藏，意味着刺激的冲浪，意味着在全然陌生的虚拟社会中冒险。所以，这种娱乐和狂欢的基因一直根植于新媒体中，从未褪去[①]。这使得如何对抗网络时代的过度娱乐成为 21 世纪的重要问题。

因此，如何在新媒体环境下保持良好的艺术水准和人文情怀，让网络影片不背负"粗制滥造"和"毫无底线"的骂名，这是值得每一位网络影片创作者思考的问题。

第三节　数字合成与特效技术

来自潘多拉星球的蓝皮肤纳威人骑着一头巨型翼兽在悬浮山之间肆意驰骋；已逝去的电影演员在数字空间复生，为心碎的观众上演最后一场速度与激情；实验基地里科学家与他驯养的四只迅猛龙紧张而激烈地对峙……数字特效合成技术通过将多个来源的素材无缝整合为单一复合图像，为观众创造现实中不可能存在或有吸引力的"真实"画面，使故事中的世界变得奇妙而有趣，引人入胜。

迄今为止，数字合成技术已被广泛运用于影视特效、动画制作、广告宣传、电视节目包装、出版印刷等多个领域。随着数字技术的迅速发展，硬件设备的购置成

---

① 刘书亮，黄心渊. 新媒体时代下的人文精神危机 [J]. 现代传播，2016（1）：28-31.

本大幅度降低，专业的图形图像以及视频处理软件日益大众化、智能化，许多非专业人士也开始接触数字合成与特效技术，大大拓展了其应用领域。翻开书架上的一本杂志，浏览微博里的搞怪自拍，观看电影中的视觉盛宴，合成与特效处理的影子随处可见。

一、合成的历史

回顾合成的历史可以发现，合成并非数字时代的独有机制。早在 1857 年，即法国人达盖尔于 1837 年发明银版摄影术的 20 年后，摄影师们已经开始尝试将多张底片上的部分图像进行合成来制作一张照片。瑞典籍摄影师奥斯卡·古斯塔夫·雷兰德（Oscar Gustave Rejlander）坚持认为摄影术是高雅的艺术，致力于创作能够与名画媲美的摄影作品。他模仿拉斐尔的名作《雅典学院》的构图，对来自不同玻璃底片的 32 幅图像选择性地进行了曝光处理，最终合成了一幅规模宏大，具有鲜明文艺复兴风格的绘画主义摄影作品——《两种生活》（*Two ways of life*）。

雷兰德精心设计模特儿的位置、道具的摆放，通过暗房加工得到的图像场景将画面一分为二，以对比的方式向人们展示了两种截然不同的生活道路。这一作品在当时引起了强烈反响，人们纷纷思考这种"假的"摄影是否合乎道德，但对作品本身的质疑并没有阻碍合成思想的发展。

图 1.12　《两种生活》（*Two ways of life*）由奥斯卡·古斯塔夫·雷兰德
（Oscar Gustave Rejlander）于 1857 年摄制

图 1.13 《弥留之际》由亨利·罗宾逊（Henry Robinson）于 1858 年
摄制，由五张底片集锦而成

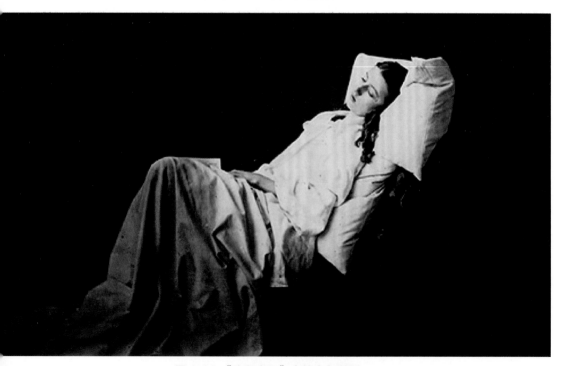

图 1.14 《弥留之际》中的少女原型

时隔一年,亨利·罗宾逊创作了第一张集锦合成照片《弥留之际》(*Fading away*)(如图 1.13)。这幅作品由 5 张底片集锦而成,表现的是一位病重的少女在弥留之际,家人陪伴在旁的沉重画面,其中一个重要原型为垂死的少女。与雷兰德一样,罗宾逊在照片的创作过程中运用了模特儿摆拍和后期拼合的手法,但是这种拼合不是通过微妙的曝光处理,而是把不同相片上需要的部分剪下来,贴到一张背景照上,修饰照片间的接缝后再翻拍和印制。正是由于他采用的这种合成手法是通过汇编精彩部分来生成一张完整的照片,所以人们称之为集锦摄影法。

雷兰德和罗宾逊两人实验式的合成创作无疑是为了探索摄影在艺术中的地位,他们通过模仿传统绘画的构图与主题来精心布置摄影场景,赋予影像作品意义与内涵,可以算是最早的画意摄影。19 世纪末,运动图像摄影兴起,人们开始将图像合成技术应用于运动图像,而随着光学印片机(Optical Printer)的问世,哈利·霍伊特(Harry Hoyt)和梅里安·库珀(Merian Cooper)等人尝试拍摄具有大量特技镜头的科幻电影。前者于 1925 年拍摄的恐龙电影《迷失世界》(*The Lost World*),制作了 50 个微缩恐龙模型,然后逐格拍摄模型的每一帧,并在每一帧中略微调整模型的动作与位置,最后形成一串相对流畅的动作。在影片后期制作时,真人演员的表演是电影画面的前景,采用活动遮片技术,合成到作为背景的特效场景中。后者 1933 年的作品《金刚》(*KING KONG*)也使用了模型与停格拍摄技术,当作为背景的胶片投影到大型背投屏幕上时,摄像机拍摄前景中的角色动作表演,最后合成两者制作出影像。

图 1.15 1925 年《迷失世界》剧照,恐龙模型与人同处一画面

在动画影像的制作上，传统的赛璐珞动画具有典型的多层合成属性。于此之前，像《恐龙葛蒂》中那样的固定背景也需要像画运动的角色一样重复画上很多次，而厄尔·赫德1915年发明了赛璐珞动画，将活动的角色和不动的背景分层绘制，活动角色单独画在透明的赛璐珞片上，而不动的背景放在下面，几层画面摞在一起拍摄。赛璐珞动画的制作模式让动画师们从重复绘制的繁重工作中解脱出来，建立了动画片工业的技术基础。1937年奠定了迪士尼商业地位的作品《白雪公主》就是这样摄制的。

在数字时代来临以前，实拍影片也有自己的一整套多层合成的方法。当然这些手段还是很费力的。早在1903年，鲍特的《火车大劫案》中，车站办公室的窗外驶过的火车就是采用了遮罩和多次曝光技术完成的。这类技术就是最传统的逐层曝光达到影像合成的原始手段。再如《公民凯恩》中的这一画面（图1.17），前景是歌女苏珊的特写，远处是坐在沙发上的凯恩，背景中的大玻璃窗则是景片，通过光学合成完成整个镜头。

进入数字时代后，智能、高效的数字软件取代了传统的光学合成工具，"层——合成"机制①几乎成了影片后期处理的通行规则。计算机软件中，"层"已经是必备

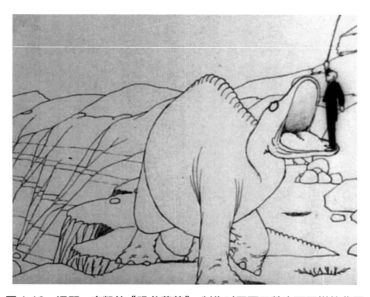

图1.16 温瑟·麦凯的《恐龙葛蒂》，制作时需要无数次画同样的背景

---

① 刘书亮. 重新理解动画：动画概论 [M]. 北京：电子工业出版社，2016：25.

图 1.17　《公民凯恩》（1941 年）剧照

的功能属性。在后期特效软件里，在剪辑软件里，在所有目前主流的绘画和设计软件里，"层"的身影必然出现。它是我们对影像规范化、高效化处理的必然结果。

在网络剧中，由于其后期特效常出现不尽如人意的效果，人们戏称其为"五毛特效"，但这也说明无论网络剧的成本是高还是低，都在全面采用数字特效来包装自身。下面我们就为大家介绍几款常见的数字合成与特效工具。

二、常见的数字合成与特效工具

目前常见的数字合成工具有 After Effects、Inferno/Flame/Flint、Nuke、Shake、Fusion、Combustion 等，软件的多样化为我们提供了更多的选择，使我们可以根据自己的需求来挑选合适的工具。但对于初学者来说，也增加了选择的困难度，因此，我们首先必须了解不同平台的独特功能。

由于 After Effects 价格低廉、易于学习，成了最为人熟知且受众面最广的合成软件。其工作流程与 Adobe 公司旗下的其他图形图像处理工具类似，每个导入的图像或图像序列都会作为一层放置在时间线上，比较直观，对每层的操作，如参数设置、加入特效等只会影响本层，清晰的层级关系也方便用户在层与层之间快速创建合成。After Effects 支持多种文件格式的导入，具有强大的素材整合能力，常被用来制作视频片头、片花等，用户也可以通过下载外置插件来扩充软件功能。但是对大型的专业后期处理公司来说，它的图像质量不够高，在实时性方面也稍逊一等，因此常常作为辅助工具与其他软件一同使用。

Inferno、Flame、Flint 都是 Autodesk 公司的产品，其中 Inferno 最为高级，Flame 次之。它们都属于节点式合成软件，即每个导入的图像或图像序列都会成为一个节点，一个节点的输出端连接着另一个节点的输入端。由于 Autodesk 公司的合成与特效软件之间实现了素材兼容，因此三者的协同工作能力非常出色，且具备实时、高分辨率的工作流程。同时，三者对硬件设备的要求较高，早期运行在 SGI 工作站上，后来逐步转移到 Linux 操作平台，价格亦不菲，是专业性非常强的软件，可用于影视后期、广告宣传片等领域。

目前，Nuke 已成为继 Shake 之后最受业界追捧的合成软件，由于 Shake 已经停产且 3D 功能不够强，因此许多好莱坞大片，如以 3D 形式再度上映的经典爱情电影《泰坦尼克号》等，都选择把 Nuke 与 Shake 两款软件相结合进行后期制作。现在 Nuke 已被移植到了几乎所有主流操作系统中，包含 Windows、Linux、Mac OS X。Nuke 最突出的地方在于为用户提供了强大的 3D 合成功能，支持 OBJ、FBX

图 1.18　After Effects 时间线上的层

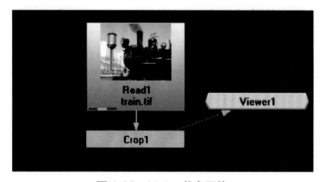

图 1.19　Nuke 节点网络

等三维软件常用格式的输入输出，并且可以直接应用 EXR 格式的文件。与 After Effects 相比，Nuke 属于节点式合成软件，有利于节省内存与系统资源，在处理高分辨率素材时更占优势，同时 Nuke 非常适合用于单镜头合成。

Fusion 是 Eyeon 公司下的专业级合成软件，它的调色功能比较强大，具备有效的 3D 粒子系统，已被应用于电视制作、视频游戏等领域。Combustion 是 Autodesk 公司面向低端市场的产品，集编辑、渲染包装以及 3D 动画于一身，它比较特殊的地方在于同时包含了节点和层，但由于其架构限制，比较适合低分辨率的合成项目。

三、数字合成与特效技术

数字合成是把不同来源的多张图片或图片序列整合为一张图片或是一段视频的数字融合过程，其关键问题在于如何避免在数字融合的结果中留下技术的痕迹，要让观众相信画面是由摄影机在同一时间、同一地点拍摄完成的，并且是"真实"存在的。为了让大家对数字合成有更直观、形象的理解，这里以冯小刚导演的电影《唐山大地震》（图 1.20）为例进行说明。该片用合成的数字特效画面再现了汶川地震后，钟楼上的时间永恒停留在下午 2 点 28 分的情景。原始镜头是在汶川地震后一年左右的时间拍摄的，为了还原地震发生时的场景，特效人员在画面中加入了飞机素材，再将先前拍摄的震毁房屋实景合成到背景中，最后用特效制作了钟楼的破损效果，使得整个电影画面更加真实、可信。在处理影像素材时，为了达到特殊的艺术效果，特效人员常使用数字合成与特效技术对素材进行艺术加工，下面就为大家介绍几项常用的合成与特效技术。

（一）滤镜与调色

滤镜是用来为视频画面增加特殊艺术效果的重要工具，它不仅能提高影像的质感，为画面增添细节，还能起到渲染氛围、奠定基调的作用，是后期制作中常用的一种艺术加工方法。在运用滤镜特效时，单个滤镜起到的效果往往并不能满足特效合成师的需求，因此它们常常被叠加使用，以期产生更完美的视效结果。滤镜的种类非常丰富，以 After Effects 为例，仅在风格化滤镜下，就包含二十余种功能不同的滤镜。此外还有可用于镜头间切换的过渡滤镜，使画面模糊或清晰化的模糊与锐化滤镜，模拟现实世界中物体间相互作用的模拟仿真滤镜，可为画面添加杂点、划痕与纹理等特殊效果的噪波与颗粒滤镜，用于调整色彩与亮度信息的色彩校正滤镜等。

图 1.20　冯小刚导演的电影《唐山大地震》中的合成画面

　　粒子特效是一款用来模拟仿真现实世界的插件，其功能十分强大，用粒子特效来表现雷、电、光等魔法场景往往能取得意想不到的效果，它还可以被用来模拟现实中的爆炸、烟雾、水波、火焰等效果，常常出现在电影画面与电视片头中。与摄像机拍摄的结果相比，应用粒子特效技术制作的影像质量更容易控制，且具有高度的精确性、真实性，有时还可以使演员免于拍摄房屋爆炸等一些危险性较高的场面，为摄制团队的人身安全提供保障。在科幻片、灾难片以及战争片中，往往会使用到大量的粒子特效，比如《黑客帝国》《后天》《2012》《复仇者联盟》（图 1.21）等，通过结合光影艺术使得电影的场面更加宏大，气势更加宏伟，给观众带来强烈的视觉冲击，让观众可以在心灵震撼中代入故事角色，沉浸到虚幻世界里。

　　电影是视听结合的媒介，在一些特殊类型的电影，例如恐怖电影中，声音的作用至关重要，它能将正在发生的事件推向高潮，同时通过渲染气氛给人以恐惧、不祥的心理感受。在科幻片中，声音同样是重要的表现手段，不仅能为影像增添神秘感，把观众带入从未想象到与经历过的奇妙诡谲的世界，还可以提高影像的真实性，用声音来丰富故事、塑造人物性格。但是并不是所有的声音都可以在现实世界中捕捉到，一些源自想象、科幻世界的声音必须通过技术手段使其具有独特性。《星球大战》中的人物角色 Wat Tambor 是技术联盟的领袖，对技术的痴迷促使他把自己装入机器外壳中，连说话也靠技术来实现，通过躯壳上的一组控制转盘来调节自己的声音。由于这个角色是人与机器的结合，他的声音也必须异于正常人，且应带有机械的感觉，于是特效师通过对正常的人声进行变调获得了理想的效果。在音频滤镜下，通过调整变调参数对原始人声素材进行特殊处理，很容易就可得到类似电子合

图 1.21　《复仇者联盟》原始素材与特效画面对比

成音的机械化效果，我们常在恐怖电影中听到的低沉、神秘声音也往往是通过变调技术来实现的。

色彩校正滤镜为我们提供了丰富的影像色彩信息调整方法，包含自动颜色、自动对比度、自动色阶、亮度与对比度、色彩平衡、色调曲线等。色彩校正的目的是使影像不偏色，确保影像色彩能够较真实地还原人眼感受到的拍摄色彩，符合科学的色彩规律。比如在实际拍摄中，对光线亮度把握不当容易造成影像曝光过度，画面太亮且缺乏饱和度，使得画面不够生动，影调层次感不强，这时就可以用 Curves 曲线来校正缺陷。而在色彩校正的基础上，一些艺术创作者进一步对影像进行调色，按照影片所要表达的主题或是情节的需要等，赋予画面色彩，这是出于艺术上的考虑为影像调色。这会使我们联想到黑白历史电影《辛德勒的名单》中唯一的那一抹亮色——穿红衣的小女孩，导演用这抹红色象征跳动着的生命，也正是对这抹红色的特殊处理，使影片得到了升华。应用调色技术可以营造出影片的时代感，并树立影片的独特风格，马丁·斯科塞斯执导的电影《雨果》就通过油画般的怀旧色调把观众带回了 20 世纪30 年代的巴黎。在数字时代，色彩的情感化因素已被充分考虑进电影的画面设计中，而且随着调色技术的逐渐成熟，无论画面多么复杂，调色师都可以采取合适的技术手段进行调色。由于数字图像是像素的集合，因此每幅图像的暗部、高光部、中间调都能被软件轻易识别并区分开来，同时还可以通过绘制选区、提取颜色等手段对选定的部分进行有针对性的色相、色度调整。在电影《王牌特工：特工学院》（图 1.22）中，

图 1.22 《王牌特工：特工学院》剧照

为了使影片呈现出老电影胶片般的质感，保证画面光鲜好看、色彩丰富饱满，且在暗部富含细节，制作者不仅在镜头后加上滤镜以获得老旧柔化的画面效果，还创建了日景、夜景、室内、室外等二十余个风格各异的 LUT 颜色比对表，并在达·芬奇调色软件中进一步美化画面，最终如愿创造出了一种怀旧的老电影风格。

（二）绿幕/蓝幕技术与数字抠像

在制作影片的时候，有时为了控制成本、保证演员安全，或是得到在现实生活中很难捕捉到，甚至根本不存在的画面，需要先在摄影棚内进行拍摄，然后再到后期合成软件中替换背景，这种技术被广泛运用于诸如《加勒比海盗》《第九区》《盗梦空间》《阿凡达》《少年派的奇幻漂流》等大片中。由于在摄影棚内拍摄时常常使用绿色或蓝色幕布作背景，所以这项技术被称为绿幕/蓝幕技术，而之所以选择在绿色或蓝色的背景下拍摄演员表演，是因为这两种颜色在后期软件中最容易实现抠像，使合成后的影像画面看起来非常自然、干净，抠像的边缘与背景能天衣无缝地融合到一起，不会产生黑边。一般来说，亚洲人常用蓝幕，因为蓝色是亚洲人黄皮肤的补色，而欧美人常用绿幕，因为许多欧美人的眼珠是蓝色的，用蓝幕后期不易抠像。抠像技术其实就是通道提取，它利用色度的区别把单色背景从画面中抠除，只留下前景中的人物、道具等，并与理想的背景叠加产生新的画面。在电视节目、电影、广告等各种视频影像的幕后制作中都可以看到绿幕/蓝幕技术的应用，它们已经成了最为人熟知的影视特效技术之一。

《德鲁·凯里绿幕秀》（*Drew Carey's Green Screen Show*）（图 1.23）是一个即兴喜剧电视节目，节目从 2004 年就开始播出，一直深受各个年龄层观众的喜爱。它的特点是喜剧演员在光秃秃的绿屏前进行即兴游戏，然后由特效师在后期制作时为影像加入动画、音乐及声效，在节目录制现场的观众只能看到演员在绿色幕布下的表演，演员们会想象他们正身处游戏厅，或是其他有趣的地方，而电视机前的观众则会看到取代绿色背景的动画背景，以及为演员们的表演加上的动画道具，一切想象通过后期特效而具有了真实性。

在电影《画壁》（图 1.24）中，陈嘉上导演为了使壁画中的女仙们居住在符合观众审美认知的地方，特地参考了蒲松龄原著《聊斋志异》之《画壁》里的场景描写，但是书中只有寥寥两句："身忽飘飘如驾云雾，已到壁上。见殿阁重重，非复人世。"虽然蒲松龄的这几句轻描淡写并没有使仙女们生活居住的地方在我们脑海中清晰起来，但也正是因为这样的模糊与不确定才给了我们无限想象的空间，可以在大

图 1.23　即兴喜剧节目《德鲁·凯里绿幕秀》

图 1.24　电影《画壁》在地狱七重天场景中使用了蓝幕技术

致的轮廓中填入我们自己的创造。陈嘉上导演与创作团队大胆想象，设计出了仙境、道场、茶居、七重天等多个场景，运用数字特效使这些地方不似人间所有，或缥缥缈缈浮在云上，或阴阴暗暗藏入深海。而在这些场景中的演员表演则是在蓝色幕布下拍摄完成后，通过遮罩抠像技术与特效CG背景相融合的，使我们在观看影片时感受到奇幻画面带来的震撼。以七重天为例，它是画壁仙境深处的一所牢狱之所，与仙境的烟波浩渺、令人沉醉不同，七重天应该是可怖的、危机四伏的，在影片中特效师用燃烧着的蛮荒之地来表现它。饰演仙女牡丹与芍药的女演员们其实只是在蓝幕下表演，后期才为她们加上七重天特效场景，表现出关押牡丹的姑姑之冷酷无情，以及这场营救的艰难险恶。

奇幻片《爱丽丝梦游仙境》（图1.25）也运用了大量绿幕技术。由于影片的灵感来自英国童话大师刘易斯·卡罗尔的作品《爱丽丝梦游仙境》和《爱丽丝镜中奇遇记》，因此怎样表现出童话世界里的仙境至关重要。电影中除了爱丽丝在掉进兔子洞后的一小部分场景以及红皇后的地牢是摄制组搭设的以外，其他场景都是由电脑

图1.25 电影《爱丽丝梦游仙境》使用了大量绿幕技术

特效完成的，演员大部分时间都是在绿幕前进行表演。但是这部影片的绿幕拍摄非常复杂，原因是影片中出现的所有人物角色都不是正常尺寸的，比如爱丽丝在喝下缩小药水后身体会变小，而如果吃下一块蛋糕身体又会变大，因此爱丽丝在影片中的身高既有两米多高的，也有不到一米高的。在与红皇后、疯帽子等其他角色同处一个场景时，必须注意镜头视线要正确，有时需要把爱丽丝抬高，有时又要把红皇后等角色降低，有的演员是站在平台上拍摄，而有的演员则要踩着高跷拍摄。在一场疯帽子与爱丽丝对话的戏中，爱丽丝的扮演者是在巨型的绿色帽子道具下表演，然后再与疯帽子特写和背景合成。

（三）跟踪和稳定运动

跟踪特效可以被用来实现影像素材的替换、覆盖以及跟随运动，通过跟踪对象的运动，将该运动的跟踪数据应用于另一个对象来创建这一对象跟随运动的合成。运动跟踪的原理是跟踪器把某一帧选定区域中的像素作为标准，记录后续帧的运动，同一跟踪数据可以应用于不同图层或效果，也可以跟踪同一图层上的多个对象。跟踪运动可以实现多个拍摄素材的组合，比如为行驶的汽车更换牌照等，还能为静止的图像添加动画以匹配动态素材，或使特定效果动态地跟随着运动的元素。当跟踪数据用来使被跟踪的图层动态化以针对该图层中对象的运动进行补偿时，就形成了稳定运动，可以消除由摄像机抖动造成的画面震颤，使画面平稳。电影《速度与激情7》就是通过使用运动跟踪技术实现男主角保罗·沃克在数字空间中的复生。导演及创作团队邀请保罗的两个弟弟出演保罗替身，在他们的脸上做好标记，再通过追踪这些标记点形成虚拟表情，与 CG 技术打造的多角度脸部模型相合成，还原男主角保罗·沃克的脸部动态。

跟踪技术可以分为二维跟踪与三维跟踪。二维跟踪是对图像序列中某一点或某一面的位置、旋转、缩放等参数进行跟踪，得到跟踪数据并实现镜头匹配，其中并不涉及三维空间信息与摄像机的运动轨迹信息。二维跟踪又可以细分为点跟踪与面跟踪，点跟踪由跟踪器跟踪画面的点来记录位置、角度的变化，比如要为移动的球加上发光特效，首先要对素材中球的位移进行追踪，获取它的运动轨迹，然后把运动轨迹匹配到发光特效层上，使特效跟随对象一起运动。面跟踪也被称为四角定位，常用来追踪图像序列中的面，由四个追踪点契合目标对象的四个角，目标对象一般都是矩形、平行四边形等，最典型的面跟踪对象有电脑显示器、广告牌等。在音乐短片 *Be Mine*（图 1.26）中，静止的电脑显示器里播放着视频，报纸的分栏里有多

图1.26 音乐短片 *Be Mine*，电脑显示器中播放的画面

个不同的影像视频在播放。

　　三维跟踪是对拍摄影像画面的摄像机运动路径的跟踪，它所选择的跟踪对象一般是画面中相对静止的物体或特征点，这是把二维空间转换为三维空间的过程，它根据跟踪数据来设置虚拟摄像机的运动路径。三维跟踪也有两种，一种可由计算机软件自动追踪特征点，另一种则需要手动标记画面中的特征点，或是在解算摄像机之前，给未被软件自动解算出的特征点添加跟踪点。目前许多3D动画影片都运用到了三维运动跟踪技术，由动画制作人员按照解算出的实拍摄像机运动路径制作三维动画，渲染输出动画序列后与实拍镜头相结合，实现现实与虚拟镜头的完美融合，这不仅为摄制组节省了搭建场景的成本，创作出现实生活中不可能出现的画面，而且提高了影片的质量，使影片的视觉效果更加突出。在李安的电影《少年派的奇幻漂流》中，特效师在合成沉船后的船体、水的特效动画以及在水箱摄影棚里拍摄的救生艇之前，对它们进行了跟踪匹配，使得合成的画面是和谐、自然的。

　　在 After Effects 的动画菜单下可以找到运动跟踪命令，我们需要根据对象的运动类型选择合适的跟踪方式，包括位置跟踪、旋转跟踪、位置与旋转跟踪、平行边角跟踪、透视边角跟踪等。After Effects 用一个跟踪点来进行位置跟踪，用两个跟踪点进行缩放和旋转跟踪，用四个跟踪点进行边角方式的跟踪。启用运动跟踪后，可以在时间线面板对各个参数进行修改、管理，设置跟踪点来指定要跟踪的区域，每个跟踪点还包含一个特性区域、一个搜索区域以及一个附加点。特性区域是用来选定图层中跟踪元素的，在整个跟踪持续期内，After Effects 都在识别特性区域内被跟踪对象的特性，因此这个区域应该有明显的颜色或亮度差异；搜索区域定义 AE 为查找跟踪特性而要搜索的区域，将搜索区域的范围缩小可以节省搜索时间，但是也不可以过小，防止特性区域移出搜索区域；附加点用来指定目标的附加位置，是生成关键帧的地方。

第四节　网络实拍影片的创作流程

一、创意与剧本

学生短片的创作往往同时面临局限和自由。局限在于资源成本的受限，学生拍摄作品的条件往往是有些简陋的，无法实现专业影片拍摄时的巨大投入，在规模与效果上受到限制。而自由，在于作者不必局限于对市场的考虑、对金钱与名利的考虑，而可以仅仅出于个人爱好，表达自己想要表达的东西。这种自由是可贵的，让局限也显得不那么重要，更甚至，受限的资源往往可以激发创作者的灵感，为在有限条件下呈现出作品的最佳效果而开动脑筋，收获惊喜，获得提高。因而，那些有灵气、有新意、充满个性的作品常常会脱颖而出。

创意与剧本是一部影片的灵魂，独特与自由的灵魂是最宝贵的东西。每一个人都有对世界独特的观察方式、理解方式和表达方式，只是这种独特性往往被掩盖。影片创作，就是一种能呵护这种独特性，将其记录下来并找到一种合适的语言去将它分享给更多人的途径。

（一）灵感的积累与创意的产生

每个人经历的生活都是独一无二的，剧本的创意正是来自日常的积累。一个零星的想法、一次偶然的观察都可以成为一部影片的灵感来源。正如罗伯特·麦基在《故事——材质、结构、风格和银幕剧作的原理》一书中所讲的那样："作家无论走到哪儿都可以发现灵感——在朋友某一阴暗心理的一次轻松的倾吐之中，在无腿乞丐的嘲讽之中，在噩梦或白日梦之中，在新闻故事之中，在孩童的幻想里。任何东西都有可能成为写作的前提，甚至是对窗外不经意的一瞥。"[1] 对于希望经常创作的人来说，甚至也可以有意地调整自己的生活方式，以使其能更易激发自己的灵感。东野圭吾就曾提到，他选择在工作室而不是在家写作，刻意保证工作室离家有一段距离，并建议这段距离中最好有乘坐公交车的机会——每天看到的形形色色的人，往往会成为他创作灵感的重要来源。

对灵感的记录也非常重要。有几个灵感或启发的主要来源：生活日常、个人思考、梦境、阅读观影。灵感或启发到来时常常只是零星的片段，无法形成一部完整作品，但抓住这些零星的闪光点，对形成日后的作品具有重要作用。因此，创作者需要养成常常记录的好习惯。在生活中遇到有趣的人或事，与朋友之间有趣的对话，忽然有了新的感悟，做了奇怪或有趣的梦，读书看电影有了新的感悟，都要及时记录下来，并在日后常常翻看，日积月累，它们很可能会成为创作的素材，甚至在不知不觉中已产生神奇的关联，给记录者创作一个完整作品的灵感。

同时，还要养成自己的创作习惯。比如，村上春树谈到，他会在每天四点醒来，并保证三小时的写作时间，即使毫无灵感地枯坐也要心无旁骛地坐满三小时；也有许多作者喜欢在午夜写作。究竟适合哪种创作方式，这是因人而异的，但是规律与积累会起到相当大的帮助。

（二）撰写剧本

创意的产生往往是"灵光一闪"，令人兴奋的；而一旦落在剧本上，则需要静下心来仔细推敲。

艺无定法。剧本的创作方式很灵活，既可以由局部到整体，从一个灵感、一个小的段落扩展至全剧；也可以由整体到局部，拥有全局构思后再丰富内容。这两种方式有时在创作中是交替出现的。看起来一气呵成的作品，在创作时却要精雕细琢。

关于剧本写作的经典书籍有很多，如罗伯特·麦基的《故事——材质、结构、风格和银幕剧作的原理》、悉德·菲尔德的《电影剧本写作基础》、威廉·M. 埃克斯的《你的剧本逊毙了》等。各种类型片的写作方式、基本写作规范等都可以从这些书中学到，在这里不再详细说明。剧本写作与日常写作很不一样，通过阅读专业指导书借以了解其语法，是十分必要的。

---

① 麦基. 故事：材质、结构、风格和银幕剧作的原理 [M]. 周铁东，译. 天津：天津人民出版社，2014.

二、挑选演员、场地，准备拍摄工具

（一）挑选演员、场地

挑选演员的过程因拍摄团队规模不同而有截然不同的情况。对于专业的影视制作团队来说，丰厚的资源允许他们征集、挑选并聘用专业的演员，并租用、搭建拍摄场地，这种情况就不再做详细介绍。而对于业余的影视团队，甚至是个人来说，资源相当有限，演员的候选人很可能只是作者的朋友或者同学，并且是非专业演员。

1. 演员征集

假如你的朋友里恰好有很适合自己剧本的角色的人，那当然是一件很幸运的事情。如果没有，就需要进行演员征集。你可以在校园里张贴征集海报，在海报里写上剧名、剧情信息、角色要求、个人信息和联系方式。可以设定统一的时间，举行一场小型"面试"，也可以请演员单独联络——并没有什么特别要遵守的规则。对于业余创作来说，被吸引来的往往是对你的剧本真正感兴趣的人，往往和你有着相似的爱好，这也是寻找志同道合的朋友的好机会。

演员的演技对于一部作品来说作用重大，但小成本的个人创作往往无法挑选专业的演员，这种时候就只能退而求其次地寻找相对适合角色的人选。同时，最好事先观察演员，对演员各种角度的外观、说话方式等有所了解，并构思好演员的表演方式及调度，对创作具有更全面的掌控。

2. 挑选场地

挑选场地是导演需要事先做的准备，这对于后面的实际拍摄环节来说很重要。

在勘察场地时，可以带上摄影机——最好是拍摄当天需要用的。因为肉眼看到的真实景象与它们在取景框里呈现出的样子有很大不同，进行实际的取景能帮你找到拍摄的感觉。

场地的光线是特别需要注意的。对于可控的人造光，问题并不大；但自然光线的变化对影片的呈现却有重大的影响。确定好实际拍摄的时间，保证自己掌握了拍摄场地在该时间段的基本情况，是让拍摄顺利进行的重要保障。

而对于以室内场景为主的影片，则常常需要事先布置。如贴墙纸、调整房间装修配色、添置家具等，这些都要与影片主要内容和氛围相配合。另外，尽量保证房间中的道具都有其作用，不要出现多余的物品干扰。

演员的服装也要与环境相配合，在挑选场地时，也要考虑演员服装的配色、风格问题——是融入环境还是对比突出，是同一色系还是撞色——以达到视觉上有效地烘托影片氛围的目的。如果有相对专业的美术指导，这些问题就可以得到更好的解决。

3. 模拟拍摄

对于有信心或者有条件的作者来说，这一步可以省略。但对于拍摄条件有限的作者来说，这一步可以使导演在实际拍摄过程中更有信心，也更节省时间。

在这个过程里，可以把影片所需要的镜头都大概过一遍——找一个朋友当替身演员，着相似服装，站在实际拍摄中需要演员的位置。走位、调度都与实际拍摄基本一致。在这个过程中，你会发现许多想象中的场景在实际操作中无法实现的问题，此时就要调整拍摄计划甚至剧本。如果还有时间和余力，甚至可以将这些模拟素材带回去进行一个大致的剪辑，看看每个场景的衔接和整体呈现，再根据这个效果进行场景的增减或调整。

有了这个步骤，在实际拍摄时，就会免去很多尝试的时间，加快进度，减少演员和剧组其他人员无谓的等待，这对团队成员来说也是一种尊重。导演拍摄时也会更有信心，甚至可以调动起整个剧组氛围，让拍摄过程更加顺利。

（二）准备拍摄工具

1. 摄像机的选择

随着科技的发展，拍摄电影的物质条件门槛大大降低了，人人手里都可以轻松地拥有一个摄影设备：专业设备、DV、数码相机、手机等等。

对于低成本的学生网络视频作品来讲，并无条件，也无太大必要使用昂贵、专业的器材，但了解不同器材的特点，根据要拍摄的内容、影片风格来选择适合的器材也是有一定必要的。

比如，大多数要求画面清晰唯美、小景深、摄影机运动较轻缓的影片，可使用数码单反拍摄；运动性强、跟焦困难、不要求小景深画面的影片可以考虑使用手持DV拍摄。总体上来说，不必受限于器材，巧妙地利用手中的工具，简陋的设备也可以拍出优秀的作品。

另外，一些小配件、小技巧也可以"化腐朽为神奇"，大大提高手中工具的使用效果。比如，如果想要拍摄 2.35 ：1 画幅的影片，数码相机无法实现时，可以利用彩色透明胶，按所需比例将实时取景屏幕进行遮挡，这样，便于观察到所需比例的画面剪裁效果，再在后期处理中进行剪裁；又比如，一些简单的滤镜、镜头配件——如实现微距效果的镜头配件，鱼眼镜头滤镜，过滤反射光线、增加成像反差的偏振镜等，都能让现有的器材增色不少。

有一句话说，摄影进入了数字时代，难就难在，它太简单了。人人都拥有了拍摄的物质条件，从众多的作品中脱颖而出自然变得更加困难。因此，对于经济条件暂时有限的独立创作人来说，不要盲目地追求器材，更不必因为没有昂贵的专业器材而感到畏惧、不敢尝试，运用巧妙的方法化解问题，用不那么专业的器材，一样可以拍摄出优秀的作品。

2. 辅助设备

除了相机之外，一些辅助设备也必不可少。

在光源方面，常需要灯和反光板。在拍摄中，生活中的光源常常无法满足拍摄的需求，因此在拍摄一些场景，特别是室内、夜间场景时，往往需要更强的光照，如红头灯等，这可以在摄影器材用品商店租赁。反光板，常常配合阳光或灯光起辅助照明的作用，补光柔和、突出主体、让平淡的画面更加饱满，特别是在逆光拍摄时起到重要的作用。

辅助摄影机支撑及运动的工具，包括三脚架、摇臂、轨道、斯坦尼康等。如有必要，可到专业影视器材租赁公司去租赁这些工具。而如果没有条件，也可以想一些巧妙的办法——比如，有创作者曾用滑板与三脚架的配合来代替轨道，虽然简陋，却起到了不错的效果。

三、实际拍摄

在实际拍摄中，特别是对于工作量比较大的多场景作品来说，做好充分的时间规划，保证拍摄有秩序、有效率地进行是非常重要的。

对于常规的情况来说，拍摄前必须做好的功课，就是确定下来拍摄顺序、大致拍摄时间。拍摄前必须考虑到各种各样的限制——场地限制、工作人员及演员的时间限制、拍摄现场（特别是外景）的天气及自然情况限制等，这些都可能让拍摄无法顺利进行。

除去少数格外具有个性与天分，擅长并有信心、有条件在片场进行自由发挥的创作者外，对大多数创作者而言，"发挥"的部分属于前期，而在片场更多的则是有序的"执行"。有序的执行不仅可以缩短拍摄时间、节约成本，井然有序又富有创造力的环境也可以让工作人员更有信心、态度更加积极，从而提高团队凝聚力。

分镜头剧本对保证现场拍摄进度具有重要作用，它将影片所需的每一个镜头详细列出，以保证拍摄时能够不丢镜头。专业的分镜头剧本需要很好的绘画基础，业余制作者往往无法达到这个标准，这种时候不必强求，用简易的绘画与文字标注，让自己能够看懂并参照执行就可以。在片场，能够按照列好的规划，一个镜头一个镜头拍下去，将拍好的镜头打上标记，顺利完成任务就已经非常可贵了。

如果拍摄持续多天，每一天都应当审视一遍当天的素材，看是否有遗漏，并及时备份。

四、整理素材和剪辑输出

杀青是一件让人身心愉快的事，但接下来就要面临着同样具有挑战性的素材整理与剪辑。在实拍部分已经不可更改的前提下，这一部分甚至有"化腐朽为神奇"的效果——当然，最好的情况是让本来已经非常优秀的素材焕发出更加绚丽的光彩。

（一）整理素材

"整理"听起来是一件简单的事情。但它作为后期处理的第一步，对后面使剪辑思路更清晰、过程更顺利起着重要作用。

首先要从摄像机中导出所有素材。为了避免突发性的灾难——比如电脑坏掉、资料丢失或被误删，在这一步最好做一个备份，存在移动硬盘中。

接下来是挑选素材进行排列。在这一步中，可以对素材进行一个初步排序——按照影片镜头的大致顺序，给每一组镜头建立文件夹，并按照序号或主要内容进行命名。在同一个文件夹中存放同一个镜头拍摄时的不同版本，并从中删去不满意的，留下满意的用在正片中。

有时候，在同一段素材中，单独看起来效果最好的不一定最适合用在成片中。因此，挑选素材时可以保留效果略微不同的几条——不宜太多，拖入剪辑软件不同的轨道中，和前后相连接的素材进行连接效果的比对，最终选取效果最好的一条。

（二）剪辑

剪辑是将影片制作中所拍摄的大量素材，经过选择、取舍、分解与组接，最终完成一个连贯流畅、含义明确、主题鲜明并有艺术感染力的作品的过程。常用的剪辑软件包括 Adobe Premiere，Final Cut Pro，Vegas，Avid 等。

可以说，只有经过剪辑的素材才能够焕发出生命力。法国著名导演戈达尔甚至说，剪辑才是电影创作的正式开始。剪辑包括画面剪辑和声音剪辑，通过剪辑，那些分散的素材彼此结合、相互影响，产生的整体效果将远远超出个体的加和。

首先，将素材大致连接起来，以保证叙事的完整。在这一步要查看是否缺少素材，是否影响了影片完整性。

然后，要调整素材之间的连接处，对于时间上连续的不同镜头，要保证其连贯性，避免出现动作重复或跳跃的常识性错误。在这一步实现粗剪的完成。

接下来，开始反复播放查看，是否有更好的组合方式，是否有多余的部分。黑泽明曾说，"电影是时间的艺术，所以，没用的时间就应该删去"。因此，剪辑应做到干净利落，让影片的每一个镜头都发挥它的作用。

在纪录片《电影剪接的魔力》中有这么一句话，"好的剪辑师使导演免于自杀"。因为，深陷影片创作氛围的导演往往会被烦琐的拍摄过程搞得精疲力尽，面对庞杂的素材时有几近崩溃感。这时候，如果有一个导演所信任的优秀剪辑师，用一双新鲜的眼睛和尚未被消磨的十足精力介入创作，帮助导演摆脱困境，自然是一件非常幸运的事。

不过，在低成本、以个人创作为主的数字影片创作中，剪辑师，甚至特效师往往就是导演自己。在这种情况下，就容易面临这样的问题：导演钻进作品中太久，以至于已无法从一个旁观者的角度客观、清醒地审视作品，所谓"不识庐山真面目，只缘身在此山中"。

问题常常以下面两种方式出现：有时候，因为所有素材都是导演自己拍摄的，因此哪一段都舍不得丢弃，就会出现重复、累赘的问题；又有时候，素材缺失，当一些信息没有交代、影响观众对剧情的理解时，导演却因自己早已熟悉整个剧情而无法觉察。

面对这样的问题，一个"局外人"的帮助往往是非常有用的。特别是对于故事片，在初剪完成时，找一个前期并没有介入影片创作的朋友来观看一遍是一个不错的办法。在这一遍中，要着重记录观众在观影时觉得冗余、唐突或迷惑的部分，加以修改，即克服显而易见的"硬伤"。不过，对于一些无关失误，而是关乎风格上由于表达方式不同所产生的分歧，是可以坚持自我的。

（三）调色及特效

调色是指将图像的亮度、饱和度、色调等加以改变，让图像呈现出不同的效果。在影片创作中，调色对影片视觉的美感呈现和氛围渲染起着重要的作用。

在调色时，首先还是要避免"硬伤"。比如，想要呈现的细节因为亮度不足或曝光过度而没有呈现出来，同样场景、本应处于同一光照条件的两个镜头亮度不同而不连贯等。然后，根据影片内容，确定一个基本的氛围——明亮的或阴暗的，温暖的或冰冷的，艳丽的或暗淡的等。根据选取的氛围，调整图像的亮度、饱和度、透明度等数值，让图像呈现出所要的效果。在初步尝试时，可以借助分析自己喜欢的影片的配色来调整自己的影片。调色过程中要格外注意整个影片色调的整体协调性。

一些软件会提供调色滤镜——如 Adobe After Effects 中的调色插件，手机拍摄软件"美拍"的自带滤镜等。作者可以借助这些软件来实现自己想要的效果。使用这些滤镜可能出现的弊端是，创作者过于关注视觉效果的绚烂唯美而忽略了效果与影片思想的关联，这一点需要注意避免。

特效是用电脑软件做出实拍中无法实现的效果。创作者如果无法熟练制作特效可以寻求他人帮助，对于如何制作特效，这里不再说明。制作特效要格外注意它和影片的协调性，如果使用不当，造成特效"太假"，则会让观众产生严重的跳脱感，而使影片呈现效果大打折扣。尽管特效是后期步骤，但导演需要在拍摄之前就考虑好哪里需要特效、是否有能力实现，并根据实际能力对实拍部分进行调整，一定要避免在实拍时偷懒、把问题都推给后期、到后期才发现根本没有能力解决的悲惨情况。

（四）音效、音乐

黑泽明说，电影是图像和声音的乘法。音效与音乐在一部影片中，对烘托氛围、调动观众情绪起着重要作用。

但正是因为这一点，音乐往往会被"滥用"。一段平淡无奇的对话或一个平淡无奇的场景，配上一段煽情的音乐一下子就会感觉很不一样。但这种煽情是低级的，它不是情感的水到渠成、自然流露，而是煽风点火式的强行灌输。

对音乐的使用是涉及版权问题的，假如制作专业级别的影片，必须拥有片中所使用音乐的版权。如果有条件使用原创音乐，是一件非常好的事情，在这里，非常鼓励影片的创作者与音乐创作者们多沟通、互相合作。而对于许多非盈利的、仅仅出于爱好或练习交流目的的创作者来说，可能没有条件使用原创音乐或购买音乐版权，那么，要将使用的音乐、出处、作者放在字幕里，以示对作者的尊重。

创作者在日常的观影中，应当刻意地去关注音乐的使用，并养成听电影原声碟的爱好，这对培养感觉来说很有帮助。

（五）片名、片尾字幕、海报的设计

片名、片尾字幕的设计并不是一部影片中特别关键的部分，但别出心裁的设计

图 1.27
《钢铁侠》的标题使用了外形刚毅的金属质感字体；
《黑镜》的标题设计成了一面破碎的镜子；
《芝加哥》的标题设计成夜间闪烁的霓虹灯的样子

还是会让影片增色不少。相反，如果这些元素过于粗糙，会让整个影片呈现出的美感打折扣。

片名的设计往往要与影片风格相符。

标题的出场方式、字体颜色都可以根据影片的内容来进行设计。当然，大方简约的字体也没有问题。

海报设计是一个和影片本身无关的步骤，但是，当做完一个影片想要宣传时，好的海报设计可以产生很好的效果，吸引人去欣赏你的作品。优秀的海报设计有很多，这里对于海报设计不再详谈。做好的海报，可以贴在校园的宣传板上，印在宣传册上，或发布在网络上。

其实以上的这些步骤，最理想的情况当然是——找最专业的人，做最专业的事情。如果你有演员朋友、摄像朋友、做音乐的朋友、做特效的朋友……那真的是一件十分幸运的事情，而文中所传达的经验，则主要针对于那些刚刚开始尝试、不断提升着的创作人。在创作中，他们往往事必躬亲，要学习许多新的技能，这个过程可能会辛苦，但非常有趣，所有积累的经验都会在未来发挥作用。

五、实际拍摄案例:《暗恋的主观视角》

（一）创意与剧本

1.剧本的生活与创作灵感来源

《暗恋的主观视角》是一部三分多钟的微电影，分为五个小段落，展现了一个女孩在暗恋男生时候的内心活动。

这部短片离我自己的生活非常近——它来自我在高中时代，我和好朋友的感受。相信很多女孩都曾有过这样的经历——喜欢一个人却不敢说，暗恋着他，常常躲起来远远地看着他，对方什么都不知道，自己内心的小剧场却早已热闹非凡。

很长一段时间里，我非常想拍一个关于暗恋的故事，于是想象着整个故事框架，想象这个故事应该有怎样的开端、发展、高潮、结尾。但当我回顾整个经历，我发现这并不是一个故事——它没有什么剧情，既没有发展，也没有结果。它只是一个个断章，是心里不间断的碎碎念，是成长中所必然要经历的悸动。

我得到的另一个启发，来自罗兰·巴特的《恋人絮语》。作者用发散的行文，撷取出恋爱体验的五彩碎片。《恋人絮语》中那些嗖忽倥偬闪过的念头，剪不断、理还乱的凌乱思绪，和我对爱情的体验感觉非常吻合，因而，我想制作这样一部短片。

2. 剧本旁白内容

【倒计时】

我数十个数。假如十个数之内他转过来，那么我们有一天，就会在一起。十、九、八、七、六、五、四、三、三、三……三二一他转过来了！可是这算不算作弊啊！再来一次好了……十。

【他睡着了】

他、睡、着、了……他在我面前，睡着了。终于可以肆无忌惮地看他了。好想去盗梦啊！"你会爱上你醒来后对面坐着的那个女人，你会爱上你醒来后对面坐着的那个女人……"（他忽然动了一下）啊，我在做什么呀！

【一罐可乐】

这是一罐可乐。这是一罐他喝过了的可乐。这是一罐他喝过了的，于是让其他可乐都自惭形秽相形见绌的可乐。

【阳光】

太阳很耀眼，无法直视，你也一样。听说曾有人长时间直视太阳，然后他瞎了。在他的余生中，眼前都有一个太阳的残像。如果我长时间直视你，会不会也一样？

【我用余光凝视你】

据说食肉动物的眼睛长在头的前面是为了瞄准目标，而食草动物的眼睛长在头的两侧是为了警惕周围环境。我想我是食草动物，因为当你坐在我的右边，我看着黑板，我却知道，你看了一下黑板，你翻了一页书，你叹了一口气，你按动圆珠笔，一、二、三、四，你抬头，你低头……（他忽然看向左侧）……啊（受惊吓的惊呼）！你一定是食肉动物。

（二）挑选演员、场地，准备拍摄工具

这部影片就是特别典型的低成本个人创作。演员只有一个，也没有复杂的场景，因此，挑选场地与准备工具相对简单。

这部影片的场景主要集中在校园：图书馆、自习室和操场，使用的器材是佳能 7D 单反数码相机。因为其中一段想要表达出画面在脑海中不断定格的感觉，使用了一种叫 Lomokino 的相机——它可以将相机胶卷当作摄影胶片来使用，拍摄时转动手柄，通过连拍来记录连续的影像——当然，可记录的内容非常有限，只有 26 张左右，但效果十

图 1.28　Lomokino 使用效果截图

分有趣（图 1.28），创作者可以经常在影片中尝试一些新鲜效果。

三脚架当然是必不可少的。考虑到场景中的图书馆有很多桌子和人，大三脚架也许不太方便，所以使用了便于携带和摆放的"章鱼三脚架"（图 1.29）。

（三）拍摄

在拍摄之前，选好场地，并找到朋友去场地尝试拍摄，确定每一场戏演员应处的位置。在拍摄过程中，两个好友来帮忙，打反光板和拍摄一些镜头。整个过程比较顺利。

（四）整理素材和剪辑输出

1. 声音与画面剪辑

因为本片中所有的语言都来自于旁白，因此，在剪辑之前首先完成了声音的录制。录好旁白后，完成旁

图 1.29　章鱼三脚架

白的初步剪辑，以此确定了影片的基本节奏和时长，再根据旁白剪辑画面。

听觉对时间知觉的能力要强于视觉，因此，试着用声音来感受影片的节奏是一个不错的方法。在剪辑时，不妨时而闭上眼睛，单独听一下音轨，并想象画面，去感受哪里有些长，哪里有些短，以此来调整影片节奏。

2. 特效与调色

本片主要用来展现暗恋一个男生时丰富甚至有些无厘头的内心活动，因此，穿插了很多并非真实发生，但出现在女生脑中的画面。本片把两个场景差距巨大、但情感相关的画面剪辑在一起，以传达这种情感上的相关性。

3. 音效、音乐

影片的主题是暗恋，整体上是安静的、青春的，因此，在影片的开头和结尾都使用了以吉他为音色的音乐。

在音效上，影片中所有音效都由后期配上。在"他睡着了"段落中，通过对声音的特效处理创造魔法咒语的效果；在"一罐可乐"的段落中，加配了清脆的投币声、可乐瓶掉入取货口中声、拉环打开声和喝下可乐时感觉清爽的惊叹声，以增强节奏感。

4. 片名、片尾字幕的设计

《暗恋的主观视角》是与青春、校园相关的影片，又有点像是女孩写在日记本里的心事。因此，影片使用了类似于黑板的效果作为背景，用手写的字体写出片名。片名的字来自导演一个写字好看的朋友，片子里的主标题、副标题都采用了他的手写字。片尾字幕也采用了相近的风格。

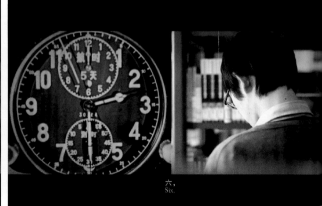

图1.30 在视觉上创造明亮、干净的氛围，以达到一种安静、清澈的感觉

图 1.31　字幕的设计

第二章 交互游戏类作品创作方法

Jiao Hu You Xi Lei Zuo Pin Chuang Zuo Fang Fa

- 可交互平台
- 作品类型
- 产品策划
- 软硬件技术
- 项目开发
- 项目测试

第一节　可交互平台

随着科技的进步，越来越多的可交互设备出现在人们的视野里。从早期的个人计算机（PC）到现在进入平民百姓家里的智能手机、平板电脑乃至发展势头正劲的可穿戴设备，可交互平台正在经历一场飞跃式的发展。

各种各样的可交互平台给人们的生活带来极大的便利，丰富了人们的体验。下面就来介绍一些主流的可交互平台。

一、移动端

移动端设备是最为普及的一类可交互平台，从广义上来说，包括手机、平板电脑、车载电脑及 POS 机等，大部分情况下指功能多样的智能手机、平板电脑及掌机设备。

目前的移动端设备不仅提供了通话、拍照、听音乐、玩游戏等功能，而且能实现身份证扫描、酒精检测、指纹扫描等丰富多样的功能。移动端设备深深地融入了人们的经济社会生活之中，成为移动商务、移动办公和移动执法的便捷工具。

图 2.1　市面上新潮的智能手机

（一）智能手机

智能手机是具有独立的操作系统与运行空间、可通过移动通讯网络实现无线网络接入的手机类型的总称，用户可以在智能手机上自行安装第三方服务商提供的软件。

在中国几乎每个年轻人都拥有一部智能手机，它俨然成为人们工作与生活的标配。智能手机的应用现在已不只局限在人们的社交生活中，它还被应用于军事领域和物联网领域。

（二）平板电脑

平板电脑（Tablet Personal Computer）是一种小型、方便携带的个人电脑，使用触摸屏作为基本的输入设备。它小到可以放入手袋里，无须翻盖、没有键盘，但却是个功能完整的 PC。

平板电脑分为以 iPad 和安卓平板电脑为代表的 ARM 架构和以 Surface Pro 为代表的 X86 架构。2010 年，苹果的 iPad 在全世界掀起平板电脑热潮，但据 IDC 的报告显示，在 2014 年第四季度平板电脑出货量有史以来首次出现同比下滑。不过 Windows 平板电脑市场份额出现了极大提升，它是在平板电脑市场增长停滞时唯一前景光明的平板电脑产品。

平板电脑出货量增长陷入停滞的部分原因在于大屏智能手机的兴起。随着越来越多的消费者拥有大屏智能手机，平板电脑的必要性没有以前大了。

图2.2　iPad Air2

图 2.3　任天堂 NEW 3DS

图 2.4　索尼 PSV2000

（三）掌机

掌上游戏机（Handheld Game Console）指方便携带的小型专门游戏机，简称掌机。

由于硬件制约，掌上游戏机的画面和声音一般不如同时期的非移动平台设备。但较之智能手机，掌机上的游戏还是更复杂与更专业一些。掌机平台上的游戏一般具有节奏明快、流程简短的特点。

掌机的辉煌最早由任天堂正式开启，曾经在许多国家，希望得到一部 GameBoy 是圣诞老人收到得最多的请求。不过时至今日，掌机的性能已被智能手机和平板电脑迎头赶上，其市场份额受到了极大的冲击。

二、PC 端

PC（Personal Computer）由硬件系统和软件系统组成，是一种能独立运行，完成特定功能的设备。

PC 发展到今天包括了台式机、一体机、笔记本电脑等多样的品类，为我们的生活提供了极大的便利，增加了生活的乐趣。

相比较从前，PC 游戏的情节与操作感都提升了许多，PC 的可扩展性也非常好，可以连接摄像头、麦克风等多样的自定义交互设备。它的普及度现在已经非常高，这使得 PC 上能实现更多与更复杂的交互。

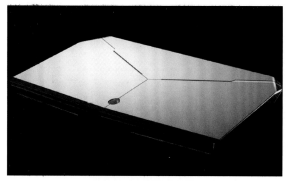

图2.5　笔记本电脑

图2.6　一体机

三、游戏主机

游戏主机是指通常使用电视屏幕为显示器，在电视上进行家用机游戏娱乐的设备。

在我国，游戏机禁令从 2000 年就开始实行了，游戏市场的发展与现状造成中国的游戏公司大多只提供网络游戏产品。不过在 2015 年 7 月，被禁止了 15 年的国内游戏机生产与销售随着文化部的一纸通知全面解禁，这是监管层自上海自贸区为国内游戏机市场打开一个缺口后，首次面向全国市场放开禁令。

目前在游戏主机市场最为成功的产品有微软的 Xbox 系列主机、任天堂的 Wii 系列主机以及索尼的 PS（PlayStation）系列主机。

（一）Xbox

Xbox 是微软公司研发并最早于 2001 年 11 月 15 日在美国地区率先发售的游戏主机，在发售之时恰逢购物季，这款主机受到了大量玩家的喜爱。这是微软首次涉足电玩硬件产业。

早在 2006 年之时，微软就曾努力让 Xbox 360 进入中国，但以失败告终。在 2014 年 7 月 30 日，微软和百视通在上海宣布，微软 Xbox ONE 已获中国政府主管部门审核通过，2014 年 9 月 29 日正式在中国上市。

（二）PlayStation

PlayStation（简称 PS）是日本索尼公司的系列游戏机，最早于 1994 年发售。

PS 家用电视游戏机凭借其运用 3D 影像技术的高画质游戏给玩家带来了全新的游戏体验，一举引发了游戏市场的革命浪潮。

图 2.7　Xbox ONE

图 2.8　PS4

　　PS2 是 PS 系列主机里销量最好的一款产品，截止到 2011 年 1 月 31 日，PS2 的累计销量已突破 1.5 亿台。

　　PS 系列目前最新的游戏主机 PS4 于 2013 年 11 月 11 日在加拿大和美国首发，截止到 2014 年 8 月 10 日，PS4 的全球销量已经突破 1000 万台大关，成为索尼史上销售最快的游戏机。

　　（三）Wii

　　Wii 是日本任天堂公司推出的家用游戏主机，于 2006 年 11 月 19 日在美国发售。Wii 开发时的代号为"Revolution"，表示"电视游戏的革命"。2012 年 7 月，美国科技博客网站 Business　Insider 将其评为 21 世纪十款最重要的电子产品

图 2.9　Wii

图 2.10　Wii U

之一。

Wii U 是任天堂 Wii 系列最新的游戏主机，相较上代增加了任天堂在线商店（The Shop）、Miiverse（Mii 世界）、Wii U Chat（视讯聊天）等相当多的新功能。

四、可穿戴设备

可穿戴设备的概念近年来十分火热，根据腾讯公司《2014 智能可穿戴市场白皮书》的调查显示，国内对智能可穿戴设备的认知率达到52.6%，主要集中在手表、手环、眼镜这三类。除了这三类常见的智能可穿戴设备品种之外，头盔和鞋这两类可穿戴设备也在迅速发展。

智能可穿戴设备目前主要覆盖的领域是运动户外与音乐影像，医疗健康与安全定位是当下智能可穿戴设备发展的两大热点。

（一）手环和手表

智能手环可佩戴于腕部，常见的功能有闹钟、记录锻炼和睡眠、食物摄入分析等多样功能。智能手表则是在手表内安装智能化系统，搭载智能手机连接于网络，可实现多种功能，有些智能手表还具有通话功能。

（二）眼镜

智能眼镜指像智能手机一样，具有独立操作系统，可由用户安装服务商提供的软件程序的一类眼镜的总称。目前的智能眼镜已经拥有拍照、导航、通话等多种

图 2.11　Nike+ 智能手环

图 2.12　iWatch

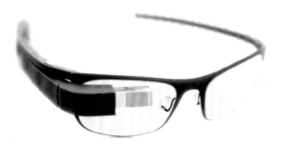

图2.13　Google Glass

图2.14　HoloLens

功能。

　　通常的智能眼镜可以分为 4 个部分：显示器、光学部件、微电子系统和人机交互。在智能眼镜中，手势控制与增强现实等新技术被广泛采用。科幻电影中的新奇物品正逐步变成现实，不仅仅是谷歌、三星这样的公司，更有可能是名不见经传的小公司带领我们进入更智能的时代。

（三）头盔

　　既然说到了广泛运用了 AR（Augmented Realtty，增强现实）技术的智能眼镜，那就不得不说大量运用 VR（Virtual Reality，虚拟现实）技术的头戴式智能显示器了。

图2.15　Oculus Rift

Oculus Rift 是一款虚拟现实显示器，它能够让使用者身体感官中的视觉如同进入游戏里一样。戴上该设备几乎没有"屏幕"的感觉，用户能直观地看到整个虚拟世界。

（四）鞋

在 2006 年耐克公司就推出了 Nike+ 跑步产品及其应用程序，随后耐克的应用程序甚至直接被内置入 iPhone 中。

内置了芯片的运动鞋使得用户可以通过信息及数据反馈来获得自己的运动状态并从中获得激励，这项创新使用户每天的锻炼变得更有乐趣，随时可以分享。

图 2.16　Nike+ 跑鞋

第二节　作品类型

一、数字游戏

（一）数字游戏概述

说到游戏，一般人可能会想起儿时玩的丢沙包、踢毽子、跳皮筋等活动，也可能会想到现在琳琅满目的手机游戏抑或是大型多人在线游戏等。游戏伴随着每个人的成长，成为人们心中挥之不去的一抹情愫。

游戏通常是为了享受而进行的一种活动，与为了报酬而进行的劳动活动有明显的不同。不仅在人类中

图 2.17　毽子

图 2.18　网游《魔兽世界》

有游戏活动的存在，在其他动物中也会有游戏活动的存在，例如，羚羊的撒欢、幼狮的互相追逐、马驹的蹦跳等。这些游戏活动并没有显示出任何功利性的目的，用英国哲学家赫伯特·斯宾塞（Herbert Spencer）的话说，就是"人类在完成了维持和延续生命的主要任务之后，还有剩余的精力存在，这种剩余精力的发泄，就是游戏。游戏本身并没有功利目的，游戏过程的本身就是游戏的目的"[①]。

什么是游戏？在学术界有多种多样的回答，至今没有产生一种获得普遍认可的定义。伯尔纳德·舒兹（Bernard Suits）认为"玩游戏就是一种把时间用在无谓挑战的自愿活动"[②]，也有学者认为"游戏是一种主体自愿参与的交互活动，往往伴有愉快、紧张或沉浸的情感体验"[③]。我们可以发现有些游戏几乎没有挑战，所以前一种观点不免稍显片面。而说游戏是一种自愿参与的交互活动又稍显宽泛。结合学术界已有的对于游戏的界定，并基于游戏能够满足人的情感需求等功能的基础上，本书认为，游戏是一种在一定规则下，主体自愿参与，从而获得生理或心理满足的具有一定目的的活动。

在知名游戏设计师简·麦戈尼格尔（Jane McGonigal）的《游戏改变世界》一书中提到了游戏具有四个决定性特征：目标、规则、反馈系统和自愿参与。目标给了玩家一个方向，而规则给了玩家实现目标的限制与可能，反馈系统则是一种对于玩家努力的肯定及目标实现度不断提高的可视反映，自愿参与则保证了玩家把游戏中设计的具有挑战性的目标视为安全且愉快的活动。

数字游戏（Digital Game）是以数字技术为手段设计开发，并以数字化设备为平台实施的各种游戏。国外通常称其为"视频游戏"，在我国则以"电子游戏"的称法较为流行。数字游戏相对于传统游戏具有跨媒介特性和历史发展性等优势，它可以是多种媒介的集合。数字游戏和传统游戏相比，并不具备游戏性上根本性的变化，主要特点在于媒介的数字化，使得人们可以轻松地甚至随时随地地进行游戏，数字化还使得某些游戏能够跨媒介运行，例如同时使用智能手机和卡牌进行游戏。随着游戏硬件平台的普及，数字游戏已经深入到许多家庭当中，成为其重要的娱乐方式之一，并且处于飞速发展的态势。Newzoo 公司预测 2015 年全球游戏收入将会跃升 9.4 个百分点，达到 915 亿美元，到了 2017 年时这个数字将会是 1070 亿美元。

---

① 桂宇晖. 游戏设计原理 [M]. 北京：清华大学出版社，2011：90.
② 黄石. 数字游戏策划 [M]. 北京：清华大学出版社，2008：11.
③ 麦戈尼格尔. 游戏改变世界 [M]. 闾佳，译. 杭州：浙江人民出版社，2012：21-22.

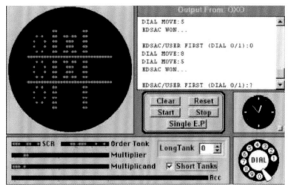

图 2.19　"OXO"游戏界面

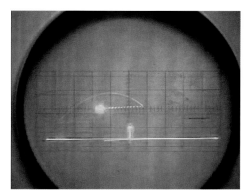

图 2.20　《双人网球》游戏界面

SuperData Research 预测 2015 年全球游戏视频受众将达到 4.86 亿，到 2017 年将增长至 7.90 亿。

（二）数字游戏的诞生与发展

数字游戏的历史最早可以追溯到 1952 年，当时剑桥大学的 A. 桑迪·道格拉斯（A. Sandy Douglas）博士编写了一款玩法与"井字棋"相似的名为"OXO"的游戏，运行于 EDSAC 大型计算机上。

然而"OXO"严格来说并不是以娱乐为目的的，它是道格拉斯博士为说明自己论文中的人机交互理论所做的附加工作。世界上第一款娱乐意义上的数字电子游戏于 1958 年在纽约布鲁克海文（Brookhaven）实验室诞生，它就是威廉·海金博塞姆（William Higinbotham）设计的《双人网球》（*Tennis for two*）。

这款游戏使用示波器模拟了一个球在球台上的路径，两个玩家通过旋钮和按钮来控制击球。在游戏被创造出来后，数百名游客排队去体验在这个电子设备上玩游戏。

1961 年，世界上第一款在公共平台运行以让玩家共享的游戏《太空战争》（*Spacewar!*）由麻省理工学院的学生诺兰·布什内尔（Nolan Bushnell）完成。两个玩家使用专用的控制器操作飞船进行旋转，使用导弹和激光等进行对战，重力、加速度、惯性等物理属性都是存在的，不过玩家需要避免碰撞行星。这款游戏可在世界上第一个商用小型计算机 PDP-1 上运行，但由于 PDP-1 价格非常昂贵，所以真正能玩上这款游戏的人还是极少数的。

Shu Zi Mei Ti Chuang Zuo

图2.21 《太空战争》游戏界面

数字游戏真正大获普及是到了1972年，雅达利（Atari）公司制作出了名为"Pong"的街机游戏。在游戏中，玩家控制一个虚拟的球拍对抗电脑对手或另一个或三个真人。这款游戏最后被命名为"Pong"的理由有两点：一是球在撞击时会发出"pong"的声音，二是现实中"Ping-Pong"已经有了版权。

第一台"Pong"的街机被安放在美国加州的一个酒吧里，不少顾客光顾酒吧就是专门为了玩"Pong"这款游戏，"Pong"的收入是其他投币机的四倍。大获成功的"Pong"后来又推出了家庭版，共售出了19000多台专用游戏机，成为第一个获得巨大成功的数字游戏。从"Pong"开始，一个数字游戏的时代拉开了帷幕。

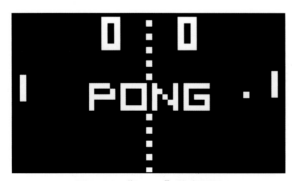

图2.22 "Pong"游戏界面

初代的电视游戏机体积较小，价格也是普通家庭可以接受的，但它有个让人遗憾的地方就是不能更换游戏，每台设备只能在有限的几款游戏中切换。不过这一切在雅达利公司于 1977 年推出"ATARI2600"后得到了革命性的变化，这台游戏机拥有能存储游戏信息的暗盒，改变了游戏机不能更换内置游戏的现状。在此之后，在家用游戏平台上出现了诸如《吃豆人》(Pac-Man)、《太空侵略者》(Space Invaders) 等优秀游戏。

此后，任天堂公司于 1985 年推出的 NES 在 CES 上亮相了，它以高质量的游戏画面、更流畅的游戏速度、更低廉的价格与更精彩的游戏内容，一下子赢得了全世界各个年龄层次人士的喜爱。NES 很快成为最畅销的游戏机，任天堂也由此成为全世界最大的电子游戏公司。

世界上第一部掌上电子游戏机是由 Mattel 公司开发的"Handheld Electronic Games（手持电子游戏）"系列，这个系列的首款游戏"Auto Race"于 1977 年正式发售，它最早将 LED 应用在电子游戏中。

进入 21 世纪后，数字游戏日新月异，成为蓬勃发展的朝阳产业。伴随着硬件设备的进步、人们生活水平的提高及不断增长的休闲娱乐需求，数字游戏以其飞速的发展引起了世人的瞩目。现在游戏产业已成为不少国家的重要产业之一，据荷兰市场研究公司 Newzoo 的统计，2014 年全球游戏市场收入规模为 836 亿美元。其中中国游戏市场的用户数量约达 5.17 亿人，实际收入达到了 1144 亿元人民币。数字游戏已成为影响世界互联网发展不可忽视的力量，在不久的将来必将成为经济发展的重要引擎之一。

图 2.23 "ATARI2600"主机

（三）数字游戏的基础特性

数字游戏的基础特性是游戏吸引人的原因所在，掌握数字游戏的基础特性将有助于我们在游戏策划中营造良好的游戏性。数字游戏的基础特性包括：规则性、故事性、可玩性、平衡性。

1. 规则性

规则是进行游戏的基础条件，它定义了游戏的动作规则与基本运作方式。在数字游戏中，规则表现为目的与途径。其中目的给了玩家一个方向，达到目的游戏便会结束，只有游戏的一方可以达到目的、赢得胜利。途径是游戏者得以运用并达到目标的方式方法。

图 2.24　任天堂的 NES 游戏机

图 2.25　由 Mattel 公司开发的"Auto Race"

在实际的游戏设计中，游戏规则并不是一蹴而就的，往往会经过不断的迭代与修改。设计师会不断地添加规则或修改规则，在对规则进行添加或修改的同时，变动的规则往往会对已有的规则产生影响，因此规则的设计是一项缜密的、长期性的工作。

规则性是游戏设计的核心问题，提出一个合理而且有趣的游戏规则往往是设计一款游戏的第一步。对于规则细节的修正与增加新的规则是保证良好游戏性的关键所在，如果轻视了游戏规则，其结果是游戏通常难以满足普通玩家的要求，只能是一款差劲的游戏。

2. 故事性

故事是一个游戏天然包含的一部分，是一个游戏的基础部分。故事的形式可以是文字、动画或声音等。有了一则精彩的故事，游戏中将会充满冲突与矛盾，玩家的兴趣则易被故事所给予的戏剧性激发起来。除此之外，故事还有助于玩家在玩游戏的时候产生复杂细腻的情感与思考。

不同种类的游戏，其故事的深度与复杂性不同，故事的讲述方式也不尽相同。在很多强调动作与反应的游戏中，故事只是提供一个借以发挥想象的背景而不是游戏的核心。而在冒险游戏、角色扮演游戏等类别的游戏中，玩家通过与游戏的互动不断创造着自己的故事。

数字游戏的故事与传统故事最大的不同就是，数字游戏中的故事是玩家所参与的。在传统故事中，听众完全是被动的接受者，他们不能去改动任何既定的事实或情节。而在数字游戏中，玩家是参与者，玩家可以通过互动来享受融入游戏世界的乐趣，不断推动故事前进，并且游戏的结局往往因为玩家的操作或选择的不同而迥异。

数字游戏之所以这样有趣，就是因为玩家可以与故事相交互而不是被动地听故事。在数字游戏的设计中就需要设计者巧妙地利用这一特性，给玩家提供充足的自由度与可选择性，发挥传统故事所不具备的交互特性。

3. 可玩性

可玩性指的是游戏提供娱乐的主要方式。如果一项活动没有可玩性，那么这项活动尽管可能会很有趣，但并不能称其为游戏。可玩性被看作是游戏所包含的交互性的程度和特点，它联系起玩家与游戏世界，是达到特定的游戏终点所必需的策略。

可玩性包括了可操作性，一款游戏必须是可以被玩家进行操作的。操作性关注玩家的控制体验，强调提供给玩家良好的交互方式与流畅自然的操作体验。可操作性服务于游戏性，一款优秀的游戏必然具有良好的可操作性。好的可操作性又表现为自由度和技巧性，力求使玩家能全方位地与游戏进行交互，让玩家在练习中掌握操作的窍门并且可以不断提高水平。

较高的可玩性就表现出了游戏性，也是游戏有趣的原因所在。关于游戏性的概念目前尚存在一定争议，不过大家都认为游戏性是游戏体验最重要的部分。因此提供一个较高的可玩性就成了设计一款游戏之必需。

席德·梅尔（Sid Meier）的一句话——"游戏是一系列有趣的选择"[①] 为我们设计游戏可玩性提供了启发。在游戏中提供给玩家的选择都必须是有趣的且有一定意义的，每种选择都应具有有利的一面和不利的一面。如果仅有不利的一面，所有玩家都不去选择它，那么把它设计到游戏中就显得有些画蛇添足。

4. 平衡性

平衡性设计是数字游戏中有关严密程度的设计，其目的是为了保证游戏的公平性与多样性，防止某种压倒性的游戏策略出现。

如果玩家发现一个游戏策略明显胜过其余的游戏策略，那么玩家就会频繁地使用该策略赢得游戏，从而使得其余策略的设计与实现工作几乎白费。玩家因此也会很容易地预料到游戏的过程和结果，从而很快厌倦一款不平衡的游戏。所以一个游戏应当是使人感觉公平的，所有的策略都是有机会或有理由采用的。

平衡一个游戏并没有一个精确的形式化的科学方法。平衡游戏是一个 N 维空间内的最佳化问题，而 N 是一个非常巨大的数值。正因为包含了如此庞大的独立变数，所以没有形式上的规则来主导游戏的平衡性。

暴雪公司推出的《星际争霸》就以良好的平衡性而广受好评。在《星际争霸》中有不同文明与种族之间的平衡性、不同作战单位之间的平衡性、经济资源采集生产与科技发展的平衡性，等等。在《星际争霸》这一类战略游戏中，平衡性尤其受到重视，战略类游戏就是力求创造一个平等的游戏环境，让玩家感觉到游戏的胜利或失败都取决于玩家的技巧。

在处理游戏平衡性的问题时通常需要反复试验，也有一些平衡游戏所需要遵守

---

① 桂宇晖. 游戏设计原理 [M]. 北京：清华大学出版社，2011：96.

的准则，如：不要给玩家设置没有警告的陷阱、允许玩家选择难度等级、遵循有所长必有所短的原则，等等。

二、装置

（一）装置艺术概述

装置艺术是一种兴起于 20 世纪 70 年代的西方当代艺术类型，装置艺术可以追溯到 1917 年马塞尔·杜尚（Marcel Duchamp）的作品《泉》（*Fountain*），装置艺术家使用现成的物件而非传统上要求手工技巧的雕塑来创作。装置艺术混合了多种媒介，在某个特定的环境中创造发自内心深处的和概念性的经验。装置艺术家经常会直接利用展览场地的空间，来表达艺术理念。

装置艺术既可以是临时性的，也可以是永久性的。大多数的装置艺术在博物馆、美术馆等公共场所进行展出，也有一些装置艺术是在个人空间内创作的。装置艺术会利用多种媒介，例如影像、声音、表演、虚拟现实以及互联网等。一些装置艺术是为了特定的环境与空间而量身定做的。例如，位于纽约的美国自然历史博物馆的展览实验室（Exhibition Lab）创造了一个对自然世界仿真的人工环境。同样，迪斯尼公司旗下的 Walt Disney Imagineering 在设计迪斯尼乐园时也创造了许多具有沉浸感的空间。

图2.26　装置艺术《泉》（*Fountain*）

图 2.27　装置艺术 *Gumhead*

Gumhead 是当代装置艺术的代表之一，2014 年 5 月 31 日至 9 月 1 日它在温哥华美术馆（Vancouver Art Gallery）展出（如图 2.27 所示）。当代艺术家道格拉斯·柯普兰（Douglas Coupland）把自己的头部雕像放在温哥华美术馆旁边的草坪上，鼓励大家把嚼过的口香糖贴在他自己的雕像上面，共同完成装置艺术作品的创作。道格拉斯·柯普兰将这一作品称为 "a gum-based, crowd sourced, publically interactive, social sculpture"[①]，即 "一个来自公众口香糖的互动社交雕塑"。从中我们可以看出，当代的装置艺术对于观众互动性的重视程度。

（二）装置艺术的诞生与发展

经历了近一个世纪的发展与积淀，装置艺术在今天仍然保持着它的活力。装置艺术家们大胆地在他们的作品中使用新的媒介进行创作与实验，于是在装置艺术的基础之上诞生了互动装置艺术。互动装置艺术是装置艺术的一个子类，它会根据观众的行为与活动予以一定程度的反馈。互动装置艺术有许多种类，包括网络装置、数码装置、电子装置、移动装置等。

---

① https://www.vanartgallery.bc.ca/the_exhibitions/exhibit_gumhead.html

　　互动装置艺术的理念于 20 世纪的 60 年代蓬勃发展，当时一些人认为只有艺术家才可以在作品中表达创意是不合适的，持有这种观点的艺术家希望在创意过程中给予观众一定的发挥空间。例如，罗伊·阿斯柯特（Roy Ascott）的作品 *Change-painting* 允许观众将一系列的有机玻璃板进行排列组合，从而形成新的图像（如图 2.28 所示）。

　　在 20 世纪 80 年代末，互动装置艺术随着计算机的发展而形成了一种现象。由于这种崭新的艺术体验，观众与机器可以进行交流与互动，从而为每一位观众创作出独特的艺术作品。邵志飞（Jeffrey Shaw）的 *Legible City* 在 1989 年创作完成。在该作品中，观众可以骑一个固定在地面上的自行车，穿越在由计算机生成的三维字母组成的街道上。该作品用曼哈顿、阿姆斯特丹和卡尔斯鲁厄三个真实的城市地

图 2.28　互动装置艺术 *Change-painting*

图 2.29　互动装置艺术 *Legible City*

图为蓝图，并将其中的建筑替换为文本。在这些由文本组成的城市中穿行就是一次阅读的旅行，选择不同的路线就会得到不同的文字意义的组合。

20世纪90年代后期，博物馆、美术馆开始在展出中涵盖越来越多的互动装置艺术作品，甚至有些展览完全以互动装置艺术为主题。这种现象持续到今天，这要归功于日新月异的数字媒体技术的发展。

（三）互动装置艺术的审美特征

互动装置艺术形式新颖、种类繁多，因此抓住其审美特征有助于我们加深对互动装置艺术作品的创作过程的理解。互动装置艺术的审美特征包括以下几点：互动性、空间性、抽象性与综合性。

1. 互动性

互动性是互动装置艺术作品最重要的特征，它是指观众与作品之间所进行的双向交流与传播。传统的艺术形式为单向传播性，即观众只能以一个欣赏者的角度单方面解读艺术作品：作品会对受众造成一定程度的影响，而受众除了被动接受，无法对作品进行任何程度的影响。而互动装置艺术的互动性则打破了这种单向传播的局限性，作品将根据用户的举动做出不同的反馈。观众不再充当一个被动的角色，以一个旁观者的心态去观察；相反，观众成为作品中的一个重要组成部分，是一个互动装置艺术作品的生命力所在。在互动的过程中，观众既感受到了艺术家所要传达的信息，同时也尽情地发挥了自己的创造性，形成了与作品的一种共鸣。

2. 空间性

空间性是互动装置艺术的另一重要特性。我们可以将互动装置艺术归类为空间艺术的一种，因为其作品本身需要在一定的空间环境条件下进行布置，才可以被观众欣赏与解读。空间性在互动装置艺术作品中占有重要的地位，即使是一件相同的作品，在不同的环境下展出，都会对作品造成不同程度的影响。当观众走进作品所在的场地，对作品的解读便已经开始，此时诸多空间因素都会影响观众的体验。例如，场地灯光的昏暗程度及色调所渲染的气氛会对观众的情绪与心理造成一定程度的影响；一些互动装置艺术作品需要特定的人数与场地空间才可以进行互动，空间的过度拥挤则会影响用户体验。

3. 抽象性

互动装置艺术的作品本体往往具有一定的抽象性。符号学美学代表人物苏珊·朗格认为：艺术是人类情感符号形式的创造。在互动装置艺术中，艺术家们通过创造符号，来完成对自己情感与理念的表达。在艺术创作过程中，艺术家们将情感与理念转化为符号的能指，这是一个编码的过程；在艺术接受过程中，受众通过对作品所呈现的符号进行解读，这是一个解码的过程。由于在情感与理念的编码、解码过程中，互动装置艺术作品所呈现的符号是唯一进行传递信息的媒介，因此它具有一定的抽象性，需要受众结合自身的经验与阅历进行解读。

4. 综合性

互动装置艺术发展到今天，一直在吸收与融合其他多种艺术形式，不断地向综合性发展。特别是当代的互动装置艺术，往往运用了多媒体手段进行传播。例如，有些互动装置艺术作品运用影像进行传播，则借鉴了电影的艺术手法；有些作品运用文字来进行描述，则借鉴了文学中的叙事手段；还有些作品充分挖掘了音乐的潜力，从音乐中学习到了节奏与旋律。诸多媒介共同作用，都是在为艺术作品的理念进行服务。因此，互动装置艺术的综合性是其重要特征之一，体现了互动装置艺术作品的独特美学价值。

第三节　产品策划

所有的产品都要经历一个策划设计的环节，然后才进入实现和量产，大部分产品的策划阶段是独立于生产实现之前的。好的产品策划能提高日后生产实现的效率。本章将分别以 *Candy Bomb* 和 *Digi-Clay* 两个作品为例，分析游戏和装置艺术两类产品的策划过程。

一、游戏

（一）概念设计

创意是一个游戏开始的地方。所有制作游戏的工作都是为了实现创意所做的努力，本节将介绍创意的来源及如何加工创意并使之可以指导游戏制作。

1. 获得一个创意

创造是一个主动而非被动的过程，只要留心观察、认真思考，任何地方皆有可

图2.30 《水果忍者》游戏界面

能获得游戏想法。例如，在厨房日常的切水果中就可以获得在触屏智能手机上设计一个切水果游戏的灵感——《水果忍者》。

《水果忍者》的下载量已经突破10亿次，类似切水果这样的生活之中最普通不过的事情，做成游戏之后能如此成功，可见就算是一个最普通的现象，在用了适合它的游戏化形式或者玩法之后，做成游戏都有可能非常地好玩。这些点子的来源可以从生活中、书籍中、电影中、动画中甚至是其他游戏中获得。但注意不能窃取他人的智力成果，在直接使用现有的IP（知识产权）时一定要获得IP所有者的授权。

什么时候会有创意是捉摸不定的，因此需要在创意突然降临之后抓紧时间将其记录下来，可以用纸和笔，也可以用手机上的记事功能。

此外，和其他人进行头脑风暴也是获得创意的重要方式。在制作游戏 *Candy Bomb* 的一开始，制作团队进行了头脑风暴以解决"究竟要做什么"的问题，即游戏的创意确定。大家集思广益，得出了以下六个原始游戏概念：

- 双人开飞机
- 糖果飞机
- 双人奏乐
- 施展魔法
- 双人互推
- 体感炸弹人

这些创意只是小组成员在极短的时间内并未经过深思熟虑而构想出的方案，在对创意进行筛选时还需要综合考虑技术难度与时间成本。在这些考量的基础上最后结合大家的偏好确定了制作一款"体感炸弹人"的游戏。

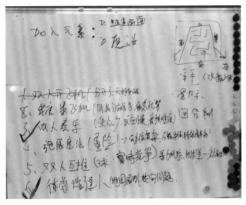
图 2.31 用白板记录的创意

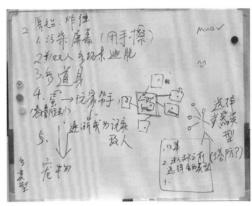
图 2.32 *Candy Bomb* 玩法讨论的白板记录

2. 加工创意

确定"体感炸弹人"的概念只是制作游戏的第一步，在原始的创意产生之后还需要对创意进行加工，以确定游戏中究竟哪些方面具备较强的可玩性。

在加工原始创意的时候有多种方法可以使用，比较常用的是借鉴创意法，即从已有的案例中汲取其成功的因素为我所用。在 *Candy Bomb* 中我们参考了《泡泡堂》与《炸弹人》两款经典游戏的玩法，在这两款游戏设计思想的基础上设计出了自己的游戏，从而实现了与以上两款游戏虽然玩法类似，但风格题材均不相同，在体感设备上将"炸弹人"玩法呈现出了另一种特色。

（二）用户需求分析

在游戏设计中，一个常见的错误就是认为所有玩家都会喜欢设计者所设计的内容，设计者只要自己试玩游戏并觉得喜欢就认为游戏具有娱乐性了。这是一种危险的想法，必须尽早摒弃，在策划一款游戏时必须考虑游戏面向的用户是哪些群体。

在游戏制作的早期，必须广泛地思考游戏的目标人群，去研究他们的爱好与特点。要考虑在游戏中需要提供何种玩法以满足他们的需求与喜好，思索哪些游戏内容才是这些玩家真正需要的。

为了分析用户的需求，本书将从用户类型划分与游戏动机两个方面来进行剖析。

1. 用户类型划分

玩家群体的划分可以有多种方法，例如从性别、年龄、收入、游戏态度等维度都可以将玩家划分为多个类别。本书仅从游戏态度和性别两个方面对用户类型进行划分。

（1）游戏态度

从游戏态度进行划分可以将玩家分成两个类别：核心玩家（Hardcore Gamer）与普通玩家（Casual Gamer）。

核心玩家也就是通常所说的骨灰玩家或忠实玩家等。这类玩家的特点是他们游戏阅历较深，玩游戏态度十分认真。玩游戏对核心玩家来说，不仅仅是一项完全放松的休闲，而是一种需要时间与金钱的爱好。核心玩家以竞争为乐趣，游戏过程里的艰难挑战会让他们在过关后获得更大的成就感，所以相对于休闲游戏，他们更加青睐挑战难度较高的游戏。

核心玩家对游戏品质极为关注，对游戏内容的质量要求极高。所以通常针对核心玩家市场进行设计的设计师本身也是一名核心玩家。核心玩家的游戏设备往往是相对先进的，现在的个人电脑能日新月异地发展，很大程度上得益于核心玩家孜孜不倦的追求。核心玩家会仔细研究游戏背后的机制和数值设计，所以针对核心玩家而设计的游戏必须平衡而精确。

普通玩家也可称为休闲玩家、大众玩家或轻度玩家。这类玩家的特点是通常不会花很多时间去玩游戏，玩游戏时很有节制，不会影响正常的生活和工作。普通玩家更倾向于将游戏视为生活的消遣，通常不会精通玩游戏的技巧。这些用户一般不会为游戏花太多金钱，他们兴趣较为分散，愿意尝试各种游戏类型。这些玩家喜欢轻量的网页游戏或手机游戏，很少专门为了玩游戏而去购买游戏主机。

普通玩家囊括了从儿童到老年的全年龄段，其人数比核心玩家多得多。他们青睐那些玩法简单，耗时较少的游戏。所以针对于普通玩家的游戏一般都体量较小，易于下载和安装，上手既快又容易。普通玩家不希望花大量的时间去学习复杂的控制或进行重复的操作，而是希望能快速地前进或获胜。游戏能随时停止，随时续玩，每次游戏时间较短。

Candy Bomb 是一款针对普通玩家的体感游戏。该游戏的平台是 Xbox 360 主机，需要结合 Kinect 游戏外设体感游戏机，一般在家庭中使用，进行娱乐，希望能达到老少咸宜的效果，因此 *Candy Bomb* 应当是一款操作简单、易上手的游戏。它还应具有单局游戏时间较短，内容简单，能使玩家得到放松与娱乐的特点。

（2）性别

从性别的角度来对玩家进行分类，可将玩家分为男性玩家和女性玩家。很多时候，人们在制作游戏时只考虑了男性玩家，但让游戏变得更吸引女性玩家也不会耗费太多的工作。

男性玩家一般喜欢场面激烈，竞争力强的游戏，主要集中在射击、体育、格斗等游戏类型上。大量的游戏针对男性的爱好而进行设计，如 MMORPG 中大量的 PK、团战、下副本等玩法都为男性玩家所喜爱。他们对暴力的容忍度很大，在很多欧美游戏中充斥着暴力与血腥，而男性玩家构成了这类游戏的消费主体。他们通常更关注物品的属性和数值而不是其外观，为了得到更高的数值或游戏成就而分析钻研游戏的机制。

男性玩家通常是游戏的消费主体，但近年来女性玩家在游戏上的花费也不容忽视，所以也有必要考虑女性玩家对游戏的需求。

女性玩家较之男性玩家更喜欢风格可爱、玩法简单的游戏。经营、换装、消除等是女性玩家比较喜爱的游戏类型。女性玩家更在意游戏外在的画面，更乐于展示自己在游戏中获得的漂亮服饰而不是最高的分数或成就。她们一般不喜爱粗暴的武力对抗而喜爱情感或社交类的题材或玩法。大部分女性玩家都属于普通玩家，玩游戏的时间不会太长。

不难发现，男性玩家与女性玩家在游戏中的关注点是不同的。*Candy Bomb* 这款游戏是为家庭娱乐设计的体感游戏，那么应照顾到男性玩家与女性玩家两方面的需求，使他们的爱好都在游戏中有一定体现。这样两种性别的玩家都能在游戏中得到自己希望体会到的乐趣，游戏才有可能被目标群体所接受与喜爱。

2. 游戏动机

不同的玩家在游戏中的偏好是不一样的，理查德·巴图（Richard Bartle）建立的巴图模型将玩家在游戏中的动机分为四种：[①]

● 杀手

这一类的玩家喜欢对其他玩家开展攻击性的行动，容易在游戏中挑战其他玩家并发起攻击。

● 成就

成就偏好型的玩家关心自己在游戏排行榜上的位置，希望用最短的时间获得更高的等级及装备。

① 杨长峰、孙春在.利用玩家设计界面去看玩家在游戏社会中的互动与成长 [D].新竹：台湾交通大学，2005.

● 探索

这种玩家喜欢复杂的游戏玩法，因为他们乐于探索游戏中自己不知道的内容，不断的发现带给他们不断的惊喜。

● 社交

社交偏好型的玩家在游戏中主要的精力在于与其他玩家建立联系，把游戏当作一个互动交流的平台。

Candy Bomb 作为一个家庭体感游戏，主要满足的是玩家社交上的动机，同时激烈的对抗与多样的关卡也在一定程度上满足了玩家"杀手"与"探索"的动机。

（三）世界观

世界观这个概念在哲学上的描述为："世界观是人们对生活于其中的整个世界及人和外在世界之间的关系的根本观点、根本看法。"[1]只要参与游戏，世界观就会像空气一样包裹着玩家。虽然人们看不到它的形状，但在游戏里永远能感知到世界观的存在。一般在制作一款游戏的同时，都会为游戏搭建一个场景并制定一些规则。

在简单如《俄罗斯方块》中也不能避免存在世界观的设定。《俄罗斯方块》的世界观从笔者的角度可以这样描述："这是一个即将坍塌的世界，天空中不断降落着四个一组的魔法石。魔法石会不断落到这个世界的生命核心中，而当魔法石接触到生命核心的上沿时，世界就会被毁灭。如果魔法石在某一层没有空缺，则这一层的魔法石就会全部被消除，堆在上面的魔法石会落下填补空缺。此时一个英雄出现了，他能用神秘的力量旋转及移动魔法石，他的使命就是拯救这个世界……"

一个游戏的世界观最重要的是引起玩家共鸣，带给玩家快乐。游戏设计者通过符合主题要求的图像、音乐、剧情、操作系统等诸多可感知的因素表达自己的思想。世界观的设计就是确定这样一个主题，它包括了客观存在的规则、法则及已经发生、不可更改的事实。

世界观在游戏中的作用有：突出情节背景、约束时空关系、明确表现风格等。在 *Candy Bomb* 中，游戏的规则是玩家可以在地图上没有障碍的空地移动并放置炸弹，炸弹的威力可通过将消除障碍炸掉后掉落的道具进行升级，将地图上所有怪物消灭后游戏胜利。在设计游戏世界观时，考虑到在游戏中的动作元素和消灭怪物的玩法已足够吸引男性玩家，所以我们构想了一个可爱甜美的世界来吸引女性玩家。

---

[1] 沈红宇 . 论世界观的形成及其教育 [D]. 北京：中国青年政治学院，2007.

于是游戏的世界构想如下：

在甜甜王国里生活着一群快乐的甜仔，他们每天会制作好多好多甜蜜好吃的糖果并陶醉其中。可是美好的日子并没有持续下去，突然有一天苦仔来到了这个王国，并制作了爆炸糖破坏甜甜王国，妄图摧毁甜甜王国所有的甜蜜。甜仔哪能看着辛苦建立的甜甜王国被苦仔毁灭，也做出爆炸糖抵御苦仔的进攻。一场苦与甜的战争就这么开始了。

（四）游戏元素

游戏元素是游戏中将要出现的所有对象的集合，是构建游戏的素材。游戏元素在游戏场景内可以与玩家进行某种方式的交互，根据玩家的操作改变某部分属性，例如角色、物品、道具等。

游戏元素是构建游戏世界的基础，有了各种各样的游戏元素才构建出了丰富多彩的游戏世界。每个游戏都有其颇具特色的游戏元素，例如《魔兽争霸3》中的"霜之哀伤"、《最终幻想XIII》中的"露西"、《扫雷》中的地雷等等。游戏元素是玩家在游戏过程中接触最紧密和最直观的部分，也是游戏设计者容易发挥自己创造力的部分。

通常情况下游戏元素可以分成三类：角色、物品、可交互物。

1. 角色

角色既包括了玩家能操控的对象（人、动物、机械及其他设计师能想象到的东西），也包括了玩家所不能操控的对象（NPC）。设计师需要着重描写玩家可以操控的游戏主要角色，并且寻找到合适的美术参考图提供给美术人员，以辅助表达设计的思想，当然如果设计师具有一定的美术功底，能给美术人员原创的手绘图是最好的。

图2.33　甜仔美术参考图　　　**图2.34　苦仔美术参考图**

2. 物品

物品是游戏中玩家可以收集或使用的道具，包括装备、消耗品等类别。对于物品的描述除了像角色那样描述其形象特征之外，通常还要描述其属性特征。属性特征根据游戏的不同而不同，游戏中常见的诸如生命值、智力、护甲等名称都是对物品属性的一种描述。

在 *Candy Bomb* 中有如下物品的设计：

● 爆炸糖

爆炸糖是玩家通过下蹲放置的基础炸弹糖，放置若干秒之后会爆炸，向以该糖为中心的四个方向炸出糖粉柱。被糖粉柱波及的玩家或怪物会受到伤害。

爆炸糖是一个拟人化的糖脸形象，脸会逐渐憋红直至最后爆炸。

● 冰淇淋

冰淇淋是大方糖被炸掉后的掉落物之一。

玩家踩中后会在该玩家屏幕上出现冰淇淋污染物遮挡视线，需要用手来回运动以擦除，同时大方糖消失。若怪物被击中则会原地不动 3 秒。

● 护盾

能帮助玩家抵挡一次爆炸糖的伤害，吃到之后在玩家周围出现透明护盾，抵挡伤害后消失。

● 升级道具

接收一定的升级道具后，玩家的爆炸糖可放置数量及威力会得到一定程度的增强。

3. 可交互物

可交互物是玩家能以某种方式操纵的游戏实体，包括宝箱、机关、陷阱等。这部分的内容与关卡设计密不可分，关卡的设计就是利用游戏中的可交互物和边界围墙进行巧妙布局。因此在设计可交互物时需要将它的运作机制描述清楚，以便在关卡设计环节时使用。

● 岩石和方糖块

岩石就是地图上不可消除的障碍物。

方糖块是可以被炸掉的障碍物，有一定的几率炸出冰淇淋、护盾、升级道具等物品。

● 棒棒糖导弹

玩家在棒棒糖导弹处可用导弹锁定一个怪物目标（玩家当前所在面的怪物优先）

发射，以怪物目标为中心造成 3×3 范围的糖粉爆炸。

（五）关卡设计

在有了上述的世界观、游戏元素和美术风格之后，就可以构建关卡了。关卡就是用这些设计好的物品和故事去构建用户体验的流程。在关卡设计中一般会包含对下列因素的考量。

空间：即游戏发生的模拟世界，也可以理解为地形。

初始条件：不管是静止的关卡还是动态的关卡总要有一个起始状态。

目标：每个关卡都应有玩家在其中需要达成的目标，也可以理解为胜利条件，同时也要说明失败条件。

情节：情节就是玩家在关卡中遇到的挑战或故事的集合。

其他游戏元素：包括物品和敌人等，根据游戏的不同来设置，不能一概而论。

在 *Candy Bomb* 中，游戏的关卡体现为空间、初始条件与目标的设计，情节的设计在节奏比较快的体感游戏中弱化了。在这个游戏中共有三个关卡，分别是：

● 打怪关

打怪关是游戏的起始关卡，这一关的空间是一个六个面的立方体。关卡的目标是玩家需要利用放置的爆炸糖消灭地图上所有的怪物。

● 驾驶关

驾驶关的空间是连接打怪关与 BOSS 关的走廊上。游戏主角在不停地奔跑，目标就是通过体感把控方向盘改变方向，躲避从天而降的炸弹。

● BOSS 关

BOSS 关是在一个平面上与"魔方怪"进行战斗，目标就是消灭这个"魔方怪"。"魔方怪"的行为逻辑会在下面的人工智能小节中进行简述。

（六）人工智能

人工智能（AI）就是在游戏中创造出一个人造的对手，增强游戏的可玩性。游戏里的人工智能简单来说就是游戏环境对待玩家行为的策略。设计良好的人工智能能使游戏机制变化丰富，可以增加游戏的策略性与博弈性。

除了增加游戏的策略性和博弈性外，人工智能还能使游戏世界与真实世界更加相像。如果游戏中出现了 NPC 穿透墙壁或无法绕过障碍物的情况，会大大降低玩家的沉浸感，影响游戏体验。这些绕过障碍等类似功能用人工智能实现的算法已经非常成熟，在游戏设计中要积极地应用它们。

在 *Candy Bomb* 中的人工智能主要体现在寻路算法上。游戏根据关卡难度的需求设计了碰撞攻击玩家与放置炸弹糖攻击玩家两种怪物的人工智能，在关卡中可以灵活采用以增加关卡设计时的自由度。

以下是两种寻路算法的逻辑流程图（如图 2.35、图 2.36）。

除最短路径寻路算法之外，还有 BOSS 的技能释放也属于人工智能的范畴。在 *Candy Bomb* 的 BOSS 关中，BOSS"魔方怪"会根据设定好的逻辑不停地释放技能：首先是旋转喷火，此时 BOSS 是无敌的。接下来是释放小怪，BOSS 扔出两个小怪去追击玩家。在玩家将小怪消灭后，BOSS 进入可被攻击的散落状态，若玩家在限定时间内没有将 BOSS 消灭，BOSS 还会重新组装起来继续这样一个技能释放的循环。

寻路与技能释放只是游戏中常见的人工智能，其他的人工智能设计还有很多，它们通过设计师的智慧给游戏带来了无比的活力。

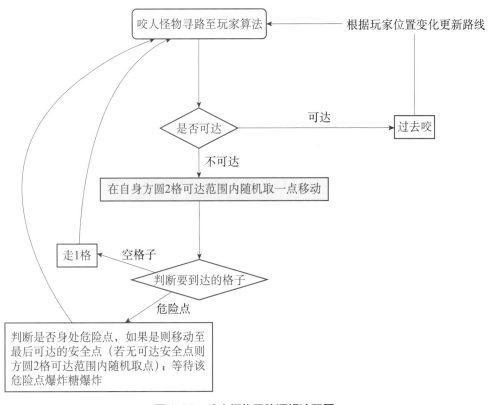

图 2.35 咬人怪物寻路逻辑流程图

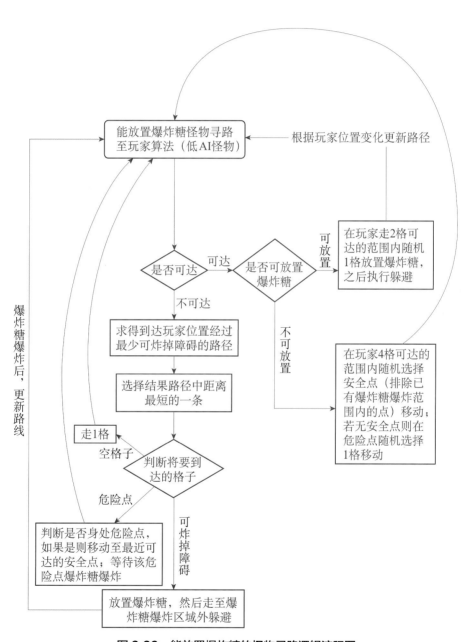

图2.36　能放置爆炸糖的怪物寻路逻辑流程图

二、装置

（一）创作理念

符号学美学代表人物苏珊·朗格认为，艺术即人类情感符号形式的创造[①]。在她看来，艺术是一种特殊的符号，而这种艺术符号的内涵则是情感。当艺术家构思装置艺术作品的创作理念时，往往会从他们的内心出发，去寻找所要表达的情感，然后去思考如何通过特定的符号来对情感进行表达。

以互动装置艺术 *Digi-Clay* 为例，笔者在进行作品构思时希望能够充分利用到体感技术的互动性，从而使观众充分参与到对作品进行鉴赏与解读的过程中，这是该作品创作的前提。在此基础上笔者进行了进一步的思考：每一个人都是独一无二的个体，都具有独特的自我意识。而每个人这种独特的自我意识，为何不可以通过一件装置艺术作品来进行表达呢？

每个人都是艺术家。当我们鼓励每一个人去进行艺术创作时，他们的独特个性就会在创作中不经意间流露，而在这一过程中每一个人也会收获喜悦。在此，笔者确定了自己作品的一个重要特性：可以帮助观众进行自由创作。

接下来，确定观众可以进行创作的艺术形式成了一个关键。笔者考虑过绘画、音乐等形式，但结合体感技术的特性，最终选择了陶瓷这一古老的艺术形式。陶瓷是人类历史上最伟大的发明之一，可以作为人类文明的一个代表符号。陶瓷在不同的人类文化中都曾经出现过，并对人类文化的发展起到重要的作用。然而随着科技的发展，陶瓷逐渐被其他的材料所取代，渐渐离我们远去。

在科技时代，人们慢慢把一些东西当作理所当然。当一个人在喝咖啡时，他会在乎手中的咖啡杯是怎样完成的吗？人们可以随意消耗轻而易举获得的一切，而忽略掉了创造的魅力。在 *Digi-Clay* 这个装置艺术作品中，观众将体验陶瓷的创作过程，重获创造的喜悦。

（二）交互设计

交互设计在互动装置艺术作品中占有重要的地位，它决定了一个作品是否能够很容易地被观众所接受。对于一个基于体感技术的装置艺术作品来说，交互设计主要涉及用户界面设计以及交互手势设计。

[①] 郭淑敏. 艺术是人类情感符号形式的创造：论苏珊·朗格之艺术新界定 [D]. 保定：河北大学, 2003.

1. 用户界面设计

用户界面是一个作品与观众进行交流的主要窗口。通过用户界面，观众可以了解如何与装置艺术作品进行互动。

以作品 *Digi-Clay* 为例，由于作品的重点在于陶瓷的制作过程，所以用户界面要突出操作方法，并保持尽可能地简洁。因此，该作品的用户界面主要包括三种元素：

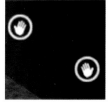

双手指针用来显示用户双手在屏幕中的位置。由于该作品需要通过双手进行操作，所以通过两个指针来分别显示左右手的位置十分重要。

图 2.37　双手指针

重置按钮用于重置陶瓷模型，使其恢复初始状态。该按钮可以将不满意的作品迅速清除掉，使用户可以迅速重新开始。

图 2.38　重置按钮

发布按钮用于将作品发布到社交网络。当一名观众完成作品后，用手触摸该按钮可以将完成的作品截图自动上传至Facebook。

图 2.39　发布按钮

2. 交互手势设计

对于以体感技术作为主要交互手段的装置艺术来说，交互手势是观众与作品进行交流的主要手段之一。在 *Digi-Clay* 这个作品中，我们将交互手势与实际制作陶艺的动作结合起来，对双手的操作主要包括以下两个要素：

（1）双手竖直位置

双手的竖直位置决定了会受到影响的陶瓷的部位，双手的上下移动可以完成对陶瓷作品不同部位的塑造。一般来说，大多数用户都会使左右手保持在同一高度。

当左右手高度不一致时，系统会计算双手高度的平均值。

（2）双手水平距离

双手的水平距离决定了陶瓷的变形方向。当双手距离大于一个特定值时，陶瓷被作用的部分会向外扩张；当双手距离小于一个特定值时，陶瓷被作用的部分会向内收缩。

（三）视听设计

视听元素在装置艺术中扮演着重要的角色，它们是作品中的艺术语言，用来表达作者的理念与情感。对于基于体感技术的互动装置艺术来说，视听元素一方面为观众呈现作品中所蕴含的独特美感，另一方面也为观众提供信息，帮助观众理解互动元素，并提供适当的操作反馈。接下来我们将以 *Digi-Clay* 为例，探讨一下其中的视听元素的设计思路。

1. 视觉元素设计

（1）布局与视角

对于装置艺术来说，布局是其视觉元素的整体框架。优秀的布局能够引导观众的视觉关注点，使其关注到作者所要突出表达的重点。在 *Digi-Clay* 中，由于作品的主要载体为虚拟陶瓷，因此布局应参照实际的陶瓷工艺，将瓷器作为画面的中心，并使其缓缓转动。

此外，互动装置艺术在进行展出时，通常会具有两个状态：一种是处于无人与其进行互动的闲置状态，另一种则是有观众参与时的互动状态。我们可以通过镜头的推拉运动来对视角进行微调，来突出两种状态的不同。当作品处于闲置状态时，虚拟摄像机将处于全局视角对陶瓷模型进行 45 度角俯瞰；而当有用户参与互动时，虚拟摄像机将自动缓缓推进到平视视角的特写镜头，通过视角的细微变化来告知观众已进入 Kinect 视野，互动即将开始；而当用户完成互动离开作品后，虚拟摄像机则会缓缓移动回之前的全局视角。在此，视角的切换为用户提供了进入互动状态时的视觉反馈，帮助观众进入更加具有沉浸感与参与性的互动状态中。

（2）色彩与灯光

色彩与灯光能够为艺术作品烘托氛围以及渲染气氛。色彩的艳丽程度与色调冷暖，灯光的亮暗程度与布光方向，都时刻为观众传递着信息。*Digi-Clay* 由于将在一个环境光相对较暗的展馆进行展出，为了突出陶瓷模型，作者选择了黑色作为背景色，并采用三个虚拟探照灯光源分别从正上方、左前方、右前方三个方位对陶瓷模型进行打光。

考虑到当观众完成作品提交时系统会自动上传截图，我们决定对三个虚拟探照灯光源增添一定的颜色渐变，即灯光的颜色会随时间的变化而缓缓变化。这样做的好处，一方面为截图增添了色彩的多样性，另一方面为画面增添了更多的变化，避免了色彩过于单调。

（3）视觉样式

Digi-Clay 中的视觉样式主要包括两方面内容：陶瓷模型以及 UI（用户界面）元素。首先探讨一下陶瓷模型的视觉样式。我们最初选择圆柱体作为陶瓷模型的初始形状，然而由于受到 Kinect 的精度限制，用户手动将圆柱体内部掏空具有较大难度，故选择圆筒作为初始形状。在材质的选择上，我们使用 Specular 作为材质，因为它可以提供一种瓷器的细腻与光泽。我们使用中国青花瓷的无缝贴图作为材质的纹理，可以使陶瓷作品更加淡雅，进一步增添美感。

我们在前一部分曾经探讨过 UI 的设计，在这里我们将从视觉样式的角度重新考量这些 UI 元素。一方面，UI 元素是为作品中的交互进行服务的，因此不宜花哨，以免喧宾夺主；另一方面，UI 元素提供着重要的信息，需要足够直观，使观众一眼便可了解其含义。

2. 听觉元素设计

听觉元素同样是装置艺术中不可忽视的组成部分。背景音乐可以为装置艺术增添美感，渲染艺术氛围；而音效则可在互动装置艺术中为观众提供声音反馈。

（1）背景音乐

在 *Digi-Clay* 中，使用背景音乐的主要目的是为了使观众沉浸在一种宁静与平和的氛围中，使其进入一种忘我的创作状态。作者选择了 *Zen: Music for Balance and Relaxation* 专辑中的 *Perpetual Peace* 作为装置艺术的背景音乐。

（2）音效

作者在 *Digi-Clay* 中两处使用了风铃的音效，分别为观众的操作提供反馈。第一处是在用户用手触摸重置按钮时，系统会播放短暂的风铃声，同时陶瓷模型恢复为初始状态；另一处是当用户触摸发布按钮时，系统会播放若隐若现的风铃声，同时天空会飘落樱花花瓣。

（四）空间设计

由于装置艺术作品往往需要占据一定的空间，因此合理的空间设计对于装置艺术来说非常重要。在本节中我们来探讨一下作品 *Digi-Clay* 中的空间设计。

1. 空间布局

互动装置作品 *Digi-Clay* 的空间布局如图 2.40 所示。在巨大的投影幕布上将呈现虚拟的陶瓷影像，幕布的下端为 Kinect 体感摄像头，用于捕捉观众的动作；在观众所站的区域上方有一个向下的探照灯光源，为场地提供照明。

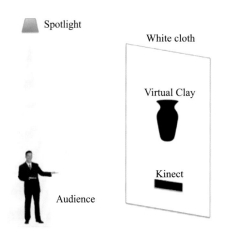

图 2.40 *Digi-Clay* 的空间布局

2. 硬件需求

投影仪

Kinect 体感摄像头

探照灯

投影幕布

第四节　软硬件技术

一、游戏引擎

（一）游戏引擎概述

何为游戏引擎？我们可先将其拆分为"游戏"和"引擎"两个名词，其中"引擎"在生活中十分常见，汽车和飞机等运输工具的引擎使机动装置得以启动，它们被比喻为交通工具的"心脏"，引擎的性能直接决定机动装置的效能。同理，在娱乐软件研发领域中，引擎发挥着不可小觑的力量。

引擎是一种软件，涵盖多个系统，具备相关专业的各式各样的基本功能，我们可将 Photoshop 称为绘图领域的引擎，将 Flash、Premiere、After Effects 等称为影片和动画编辑专业的引擎，而游戏引擎，则是专门为开发电子游戏所设计的软件。游戏市场充斥着数不胜数的数字娱乐产品，它们虽具备不同的玩法、视角、美术风格、游戏内容、剧情设置等，但不论何种游戏，我们都可归纳其本质的共同点——所有产品都具备用户界面和音乐音效的播放；大型三维游戏不可缺少灯光阴影的渲染、模型的绘制等；几乎所有的三维游戏以及部分二维游戏均需要摄像机的控制，等等。这些基本的效果十分重要但开发过程繁琐，而随着硬件技术的不断进步，电子游戏规模愈发扩大，设计师和玩家们不断追求着更为逼真和震撼的画面、更为流畅的物理效果、更为动人的数字音乐等，而处理上述游戏基本效果的任务均可由游戏引擎完成。

游戏引擎通常具备以下系统：

1．3D 图形引擎

主要完成室内和室外场景的模型绘制、角色模型动画的播放、灯光和阴影的渲染，以及泛光、光线散射效果、高动态光照渲染等图形特效的渲染。

2．物理引擎

涵盖力学物理系统、角色控制器、粒子系统、流体和布料仿真系统等，在三维游戏引擎中，PhysX、Bullet 和 Havok 等物理引擎被使用的频率较高，它们能够最大限度地模拟现实生活中的物理效果。

3．用户界面（User Interface，简称 UI）系统

游戏引擎通常涵盖玩家最为熟悉的交互菜单和按钮，部分引擎的资源库还包含按钮的特殊运动效果，可方便设计师调用。

4．音乐音效播放系统

优秀的三维游戏引擎的声音系统包含具体且复杂的声音编辑器，多普勒效应和3D 声音仿真技术也在游戏引擎中呈现，这为模拟一个逼真的空间环境作出贡献。

每款游戏引擎都别具一格，上述只列举出最常见且基本的系统。设计师在使用引擎时，可自由调用引擎携带的资源库和基本功能，并将更多精力投放在高层次的逻辑——即游戏机制的编写上，效果优良的引擎不但为设计师节约了大量时间，且

图 2.41　Unity 游戏引擎标识

可高效地展现令玩家印象深刻的精美画面。

当今热门的二维游戏引擎有 RPG Maker、Game Maker、Cocos2D 等，热门三维引擎有 Unity、Unreal、Cry Engine 等。

（二）Unity 游戏引擎介绍

Unity 是由 Unity Technologies 公司研发，可制作二维游戏和三维游戏的功能丰富且易于学习的专业游戏引擎，由于其被频繁用于开发 3D 游戏，因而它通常被称作 Unity3D 引擎。

Unity 引擎在 Windows 系统和 Mac OS X 系统下具备相应的编辑器，其重要的优势为跨平台发布游戏——我们可将作品发布在 Windows、Mac OS X、Android、iOS、Wii、PlayStation 主机系统、Xbox 主机系统等平台上。

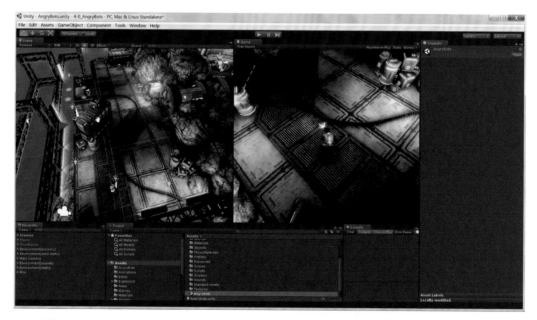

图 2.42　Unity 专业版的引擎界面（两个窗口显示的游戏为引擎携带案例 AngryBots）

图 2.43 Unity 资源库中携带的部分天空盒子效果

使用 Unity 引擎，设计师们可便捷高效地搭建游戏场景。Unity 支持较多三维格式，对 3ds Max、Maya、Blender、Cinema 4D 和 Cheetah3D 的支持较好。将被导出成一定格式的三维模型导入工程后，我们可通过引擎的用户界面拖拽移动模型位置，设置模型体积和旋转角度，修改模型材质或纹理等。

同时，Unity 引擎携带丰富的场景素材，包括天空盒子、水体、火焰、烟雾、气泡等粒子系统，以及户外地面纹理资源等；还具备第一人称控制器和第三人称控制器，我们可充分利用引擎库中的所有资源丰富和美化虚拟世界，并快速实现简单的场景漫游程序。

在 Unity 中，我们通过组件来编辑每一个游戏对象，组件存在不同的变量，我们在对变量做出调整的过程中，可观察到组件对所控制游戏对象发挥的效果。每个组件均具备自身独有的特点和功能，它们有些决定游戏对象的外形，有些作用于游戏对象的运动属性，而有些还影响游戏对象的交互功能，等等。Unity 已经具备一些常见的组件，例如碰撞体和刚体等物理组件、角色控制组件、灯光组件、粒子发射器组件、声音组件、GUI 文字和图片显示组件等，此外，设计师为游戏对象编写

图 2.44　使用 Unity 创建的第三人称场景漫游程序，其中水体和烟雾的效果真实而美观

的脚本程序亦属于组件，将脚本附加在某一游戏对象上，该对象则在游戏运行时不断执行脚本中的代码内容。

　　Unity 虽具备丰富的组件，但通过上述介绍的功能，我们充其量只能搭建好游戏场景，或者制作单纯的漫游程序，而对于游戏这一交互式媒体而言，与虚拟世界的互动最为重要，因而脚本是 Unity 引擎中不可忽视的核心概念。Unity 支持 JavaScript、C# Script 和 Boo 三种编程语言，由于引擎自身包含内置的类——Behavior，程序员们在编程时可方便调用该类中的函数。

　　在初步了解 Unity 后，读者们可尝试安装这一引擎，Unity 因其简单易学且免费使用的特性成为众多高校的教学用例，通过市面上的教材和网络图文、视频教程，同学们可快速熟悉这一引擎的使用方法，为学习本小节之后的更为详细的项目开发内容奠定技能基础。

图 2.45　Kinect 体感游戏

二、体感交互硬件设备

（一）体感游戏及其技术简介

　　自电子游戏诞生以来，伴随着硬件技术的迅猛发展，游戏交互方式日新月异，从街机游戏到家用游戏机游戏，到主机游戏和个人电脑游戏，再到当今的移动平台游戏，交互方式和游戏机制不断互相影响，促使设计师们制作出更多独具创意的电子游戏。体感游戏是一种新颖的交互方式，玩家无需长时间坐在电脑桌前或游戏主机旁，而是站立并开始运动，通过肢体动作进行游戏。和其他交互形式的电子游戏不同，体感游戏的人机互动方式显而易见，从而更易吸引旁观者参与游戏；此外，体感游戏使得玩家易于劳累从而无法长时间游戏，是一种在防止沉迷的基础上获得愉悦体验且锻炼身体的理想方式。

　　目前市场上主要有三大体感游戏设备——任天堂推出的家用游戏主机 Wii、索尼推出的 PlayStation Move 以及微软发布的 Xbox 360 主机和 Xbox One 主机的体感周边外设 Kinect，图 2.46 从左至右分别为这三大主机和其体感外设。

　　体感游戏使用摄像机捕捉三维空间中玩家的肢体运动，玩家真实地挥动手臂以控制虚拟世界中网球拍的运动，通过伸出双手转动想象中的方向盘进行体感赛车游戏。Wii 和 PlayStation 游戏主机为玩家提供相应手持设备，而 Xbox 360 以及 Xbox One 的 Kinect 体感外设则无需玩家使用任何手持硬件或踩踏控制器，而是采用语音指令或身体动作进行游戏。

（二）Kinect 体感交互技术

　　Kinect 是微软公司于 2009 年 6 月 1 日在 E3 游戏展上公布的名为 "Project Natal" 的 Xbox 360 游戏主机的周边设备，它能够同时捕捉两名玩家的动作。在 2010 年 E3 游戏展中，"Project Natal" 正式改为 "Kinect"——由 "Kinetics"（动力学）和 "Connection"（连接）两个单词组合而成。在 2013 年 5 月 21 日，微软同时发布 Xbox One 主机和新一代的 Kinect，它拥有 1080p 高清广角摄像头，能够精确识别玩家的手指动作，并可最多同时追踪六人的肢体动作。

　　Kinect 感应器拥有三个镜头（见图 2.47），从左至右分别为红外线发射器、RGB 彩色摄像机以及红外线 CMOS 摄像机所构成的 3D 结构光深度感应器，通过发射和接收红外线识别人体不同部位在三维空间中所处的位置。此外，Kinect 具备追焦技术，位于底部的马达会基于焦点物体的位置而转动感应器。

图 2.46　Wii、PlayStation 和 Xbox 360 主机及它们的体感外设

图 2.47　Kinect for Xbox 360 感应器

三、开发环境搭建

Kinect 虽为游戏主机外设，但通过搭建开发环境，我们可方便地在 Windows 系统中开发体感游戏。Kinect 具备一条从其底座后部延伸而出的 AUX 连接线，而在将 Kinect 连接电脑主机时，我们还需使用如图 2.48 所示的连接线。

这条线包括电源线和 USB 连接线，我们将其和 Kinect 的 AUX 连接线连接后，将 Kinect 插上电源，并将连接线的 USB 接口连接电脑主机，当 Kinect 指示灯显示绿色并不断闪烁时，表明连接正确（Kinect 与主机连接的示意图如图 2.49）。

当游戏引擎和体感设备准备齐全后，我们最后需要 Kinect 体感项目在 Windows 上的开发工具。使用 Unity 引擎进行体感项目开发，目前最为常见的选择有 KinectWrapper.unitypackage 及 Zigfu 插件，在这里我们选择 Zigfu 插件，大家可在其官方网站上进行下载。Zigfu 支持 OpenNI 和 Kinect for Windows SDK 两种代码库，在此我们选择后者，同理，大家可在其官方网站下载并安装。

对相关软件和硬件技术具备基本了解后，我们将进入下一章的项目制作阶段，此外，希望了解更多知识或掌握更多技术的同学，可通过教材或网络资源等进行学习。

图 2.48　Kinect 和电脑的连接线

图 2.49　Kinect 连接电脑图示

第五节　项目开发

一、使用引擎搭建游戏场景

图 2.50 为使用 Unity 引擎打开项目 *Candy Bomb* 中 Boss 关卡的用户界面，由此可见，引擎界面主要包含以下部分。

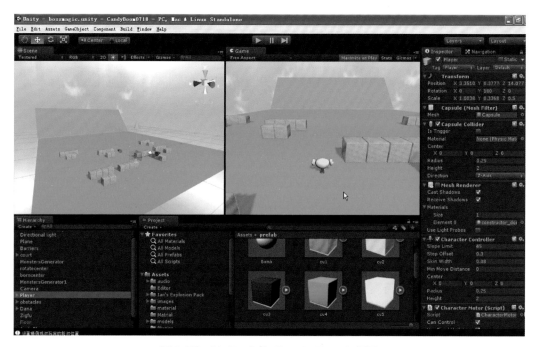

图 2.50　Unity 中的 *Candy Bomb* 项目

（一）菜单栏

File　Edit　Assets　GameObject　Component　Build　Window　Help

图 2.51　Unity 引擎菜单栏

和工程管理、项目开发等相关联的绝大多数指令，均可通过菜单栏执行。例如，在"File"下，有新建工程、打开已有工程、新建场景、保存场景等；在"Assets"下，有导入和导出资源；在"GameObject"下，新创建一个摄像机、光源、立方体或球体对象、粒子系统、字体或图片的 UI 显示等；在"Build"下，将工程导出成为一个可运行的游戏，等等。

（二）工具栏

图 2.52　Unity 引擎工具栏

在创建虚拟场景的过程中，我们将频繁使用这些工具。从左至右，它们分别为：移动视角、编辑物体位置、编辑物体旋转角度、编辑物体体积。虚拟场景的编辑过程和使用三维建模软件编辑模型有些类似，只是 Unity 不具备建模系统，而只有将建立好的模型导入后，才能进行最终的调整位置、大小以及面向方向。图 2.53 展示了使用工具编辑物体的情形。

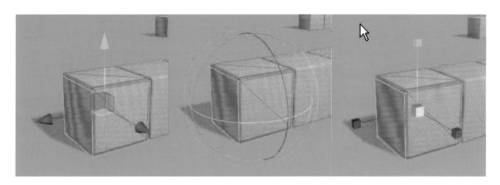

图 2.53　从左至右分别为移动物体、旋转物体和缩放物体

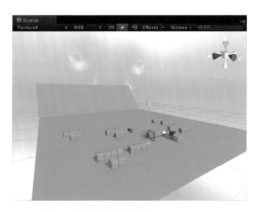

图 2.54　场景视图 Scene View

场景视图是设计师创建虚拟场景的"沙盒"。在这里，我们可以编辑每一个场景物体的位置，设置摄像机的坐标和拍摄角度，编辑地形的起伏，添加水体、粒子系统、光源等游戏对象，添加 3D 声音源等。

（三）游戏视图（Game View）

图 2.55 *Candy Bomb* 游戏视图

游戏视图是根据虚拟场景中的主摄像机渲染而出的场景，代表最终发布的游戏。在运行游戏时，我们可通过该视图实时测试游戏。通过激活游戏视图中的"Maximize on Play"按钮，我们可全屏测试游戏；而在取消全屏测试，在窗口视图下运行游戏时，开发者们还能够同时观察场景视图中物体的运动，这对于项目测试来说十分便捷。

通过项目浏览器视图，我们可以访问和管理自己的项目。图 2.56 左侧显示项目包含的所有资源文件夹，包括图形、模型、音频文件、视频文件、脚本文件等；而右侧则显示出当前选中的某个文件夹中的所有文件。当美术人员将场景模型搭建完毕并导出成相应格式（通常为 Obj 或 Fbx 文件）后，将其保存于工程"Assets"下的某个子文件夹当中，在经过短暂的资源加载时间后，我们即可在 Project 视图下查找到该文件。鼠标点击并将其拖拽进入 Scene 视图，在进行简单的修改和编辑后，我们就可创建一个游戏场景。

Hierarchy 面板包含当前游戏场景（即 Scene 视图中）的所有游戏对象，我们可以在此面板中选择和拖拽一个对象至另一个对象上，以创建父子关系，在场景中

图2.56 项目浏览器视图（Project Browser）

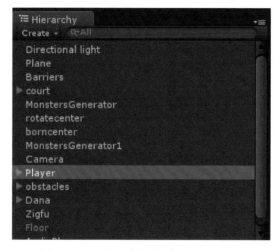

图2.57 层级面板视图（Hierarchy）

添加和删除对象时，它们也将在 Hierarchy 面板中出现或消失。

　　Inspector 面板显示当前在 Hierarchy 面板中或在 Scene 场景中被点击选中的物体的详细信息。在该面板中，设计师可更改对象的属性值、添加或删除组件等。

　　在脚本中，如果我们定义某个变量为公有成员变量，那么在 Inspector 面板中，我们将可直接更改其值，甚至在游戏运行过程中，在修改变量数值后实时观察游戏运行状态，直至调整出开发者满意的效果。因此程序员在进行编程时，可将类似物体运动速度、武器火力等级、角色生命值等游戏对象的属性设置为公有成员变量，利用游戏引擎的优势更为简洁直观地进行调试。

　　在了解了引擎的交互界面之后，相信读者们对创建虚拟场景已略知一二。通常

图 2.58 检视面板（Inspector）

在开发团队当中，美术人员和程序员并行工作，程序员可在 Scene 场景中创建 Unity 携带的基本几何体，例如立方体、球体等，将它们假想为最终版本的游戏对象，并为之编写程序，进行测试。此时的场景虽然简朴、抽象甚至混乱，但只要物体的交互机能正确无误，当美术人员完成工作后，将资源导入工程并在 Scene 场景中进行替换，游戏世界将瞬时焕然一新。

二、美术资源开发

在此部分，我们将介绍项目的美术内容开发过程。由于 *Candy Bomb* 项目的美术工作量较 *Digi-Clay* 更大，且两个项目的模型搭建过程十分类似，因而在此我们只介绍前者的角色搭建过程。

Candy Bomb 游戏中有两个主要角色，分别是糖果人"甜仔"和小怪物"苦仔"，其中，"甜仔"是主角，是玩家控制的角色，"苦仔"负责给"甜仔"做陷阱，留炸弹。在角色设计上，"甜仔"采用了糖果的形状作为设计元素，颜色上则采用了"糖果色系"中的黄、粉等暖色调（如图 2.59 所示）。

在"苦仔"的设计上则采用了女巫穿的袍子的形状为设计元素，颜色上则采用了"糖果色系"中的紫、蓝等冷色调（如图 2.60 所示）。

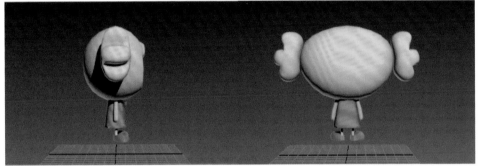

图 2.59　"甜仔"造型

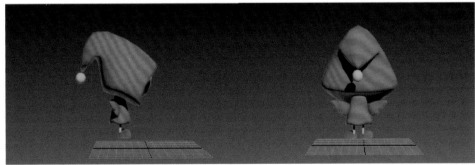

图 2.60　"苦仔"造型

（一）建模工具分类

角色建模是指在角色设计的基础上，使用三维软件准确高效地制作出三维角色模型。

建模是三维游戏制作流程中的基础，模型对于动画来说，就好像电影里面的演员和道具，因此，建模在整个三维游戏制作中占有非常重要的地位。当下电脑动画技术发展迅猛，涌现了很多优秀的建模软件，既有 3ds max 和 Maya 这类综合型动画软件，也有专门针对某一类模型研发的建模软件，例如 Sketch Up、Poser 等。不同的建模工具与建模方法适用于不同模型结构特点和不同贴图类型的动画要求，因此在开始建模之前，建模师首先要对最终的模型效果进行分析与研究，确定一个清晰的建模思路，以便后期的动画制作能顺利地进行，避免返工[①]。

三维动画中的物体基本上可以分为两种：规则类物体和不规则类物体。

规则类物体是指可以按照一定的数字几何形体的规律来制作的物体。这类物体在外观上有明显的特征并能够精确再现，比如建筑、车、船等，同时这些物体在规格上有明确的指标，因此可以"批量生产"，这种"批量生产"在 3D 中被称为克隆复制。

不规则类物体就是没有一定的数字几何形状，在细节上甚至大致形状上都具有任意性，比如山峦地貌、植物、动物等，这类物体没有绝对一样的可能，因此对于这类模型的建设就非常考验模型建设者的审美能力。就以生物建模中最典型的人物建模来举例说明，其要求在美学基础上对人物形态的各部分进行合理的创作，不能在肌肉骨骼等方面犯原则性的错误，人物形态上要比例合适。而这些要求又是不能量化的，因此制作这类模型，需要的是模型师的综合素质，已经不单纯是技术的问题了[②]。

笔者认为，对物体进行以上的这种分类是很有必要的，因为这二者在模型的制作上差异很大。规则的物体可以按照规格标准制作，不同的建模师完全可以做出相同的结果，体现其制作水平的差异则在于制作时间的长短以及面数的控制。不规则的物体则没有唯一的标准，如何做到生动自然全依赖于作者对三维物体的理解，同时也依赖于制作者的经验和悟性[③]。

从上述的分析中可见，对应着规则类物体和不规则类物体，三维动画的主要建模方法同样可以归纳为两种类型：细分建模法和堆砌建模法。这两种建模方法

---

①② 彭国华. 基于 3dsmax 的三维动画角色建模技术的研究与应用 [J]. 陕西科技大学学报，2010, 28(2).
③ 彭国华. 三维影视动画中 3D 建模技术的探讨 [J]. 电影评介，2009(8).

具有完全相反的建模过程：堆砌建模法是从细节到整体的建模过程，一般来说适用于规则类物体的模型搭建；而细分建模法是首先创建一个物体的大致形状，然后进行细节的雕刻，一般来说适用于不规则类物体的模型搭建。无论哪种建模方法，都是基本方法和工具的整合，例如堆砌建模法的主要工具包括：FFD 变形、车削、挤出工具等；细分建模法的主要工具包括：网格编辑、多边形编辑、网格平滑、对称等。

（二）常规建模方法及特点

多边形建模技术是制作三维动画最早的建模方法，它完全依靠三角形面和四边形面相拼接而成。因此其各个组成部分的点、线、面都可以进行自由的编辑。但是如果模型结构较复杂，用多边形建模方法去编辑控制成百上千，甚至更多的点、线、面是非常复杂麻烦的。因此多边形建模方法适用于建造类似于房屋建筑等面比较少、结构较简单的模型，不适用于建造生物模型，其优点是可以精确地控制模型的每一个点，因此多边形建模适合制作精细的三维模型。多边形建模的工作原理是首先创建基本的几何体，然后再根据模型的要求使用编辑修改器调节几何体的形状以达到要求[1]。

NURBS 建模是目前比较流行的建模方法，它是使用数学函数来定义曲线和曲面的。NURBS 建模技术最大的优势是可以调节模型的表面精度，可以在不改变模型外形的前提下，自由控制曲面的精细程度。NURBS 建模的工作原理是由曲线到曲面，再由曲面到立体模型的一个过程。NURBS 建模对建设工业模型很实用，它也可以用于制造生物类物体建模，但它并不是最方便的，效果也不是最好的[2]。

细分曲面建模是最新流行的一种建模技术，其工作原理是通过对多边形进行多次的细分从而达到光滑细腻的效果，也就是对多边形进行类似 NURBS 的建模操作。细分曲面建模是基于 patch（片面）的建模技术，是在 polygon（多边形）建模基础上发展而来的。它解决了多边形表面不易对其进行弹性编辑的难题，用在生物类建模上有良好的效果。

三维动画的多种建模方法各有其特点。因此，在实际工作中，这几种建模方法常常是结合起来运用的。例如，可以先用 NURBS 工具创建一个 NURBS 模型，将其

① 赵志坚. 浅谈三维动画建模 [J]. 科技信息，2011(6).

② 张雨婷. 如何在 Maya 教学中提高学生的学习效率 [J]. 科教文汇旬刊，2010(9).

转化为多边形模型，再用多边形建模工具进行修改完善。

（三）游戏角色模型的设计与实现

1. 角色设计

Candy Bomb 游戏中共有两个角色，分别是"甜仔"和"苦仔"，笔者在进行"甜仔"和"苦仔"设计的时候，首先确定了美术风格。应游戏内容所需，"甜仔"和"苦仔"采用"头身比例"为1：1的卡通风格，颜色确定为"糖果色系"。"甜仔"和"苦仔"在色调上分别采用"暖色调"和"冷色调"，性别设定为"女孩"和"男孩"。

"甜仔"的设计灵感主要来自于糖果，利用糖果的形状设计了"甜仔"的头部以及发型，两边的糖纸形状做成了"甜仔"的两个小辫。

"苦仔"的设计灵感主要来自于女巫身上穿的袍子，夸张了帽子部分的设计，给玩家一种忧郁的感觉，此外，加上了小翅膀的设计，让"苦仔"在整体上显得生

图2.61　糖果与"甜仔"

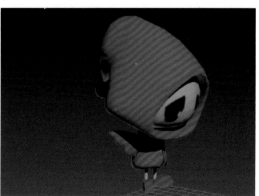

图2.62　女巫与"苦仔"

动、可爱。

2. 确定建模方法

"甜仔"从外观上看，属于不规则物体，首先要对"甜仔"进行拆分。经分析，甜仔由五个部分组成，分别是头部、裙子、胳膊、腿和鞋。其中头部包括脸部和发型，裙子包括一个蝴蝶结部件。

甜仔的腿部属于规则物体，采用内置模型建模方法。所谓内置模型建设，就是将系统提供的标准的基本几何体或扩展几何体直接拿来进行搭建，组成一个三维模型。这是三维建模中最简单的一种建模方法，内置建模一般用来搭建较简单的模型，但有时也是搭建复杂模型的基础。具体到甜仔的建设，则采用"圆柱体"。

甜仔的胳膊、裙子及鞋属于规则物体的变形，采用多边形建模方法，以鞋子为例，首先在场景中建设出长方体，将其转化为可编辑多边形，调节长方体上面的点、线、面，精雕出鞋子的形状。

甜仔的头部属于整个模型里面最复杂的部分，但是仔细拆分，还是可以将头部拆分为圆形头部、刘海和两边的小辫。中间的圆形头部采用内置建模方法，其余部分采用多边形建模法。

三、交互程序的实现

（一）体感游戏 Candy Bomb

一个完整的体感游戏包含非常多的游戏对象，需要众多的美术资源以及脚本程序，在这里，本书主要介绍体感交互、主角的运动控制和敌人寻路机制的实现，这三部分是该游戏最初 Demo 仅有的内容，这些机制实现了游戏的核心玩法，以下将对各部分进行详细讲述。

1. 体感交互

建立一个新的工程，并在引擎界面的菜单栏中，选择"Assets"->"Import Package"->"Custom Package"（意为"导入某个资源"），在弹出的对话框中选择我们下载好的 Zigfu 插件，如此该插件即被导入进 Unity 工程中了。接着，在 Project 窗口中，我们可观察到 Zigfu 文件夹中的 Sample Scenes 示例场景，这是 Zigfu 插件中已经携带的场景，它们分别展示了 Kinect 游戏中最为基本的几种交互，例如二维界面的操作、单人动作识别、多人动作识别等等，鼠标选择并双击其中任何一个场景，例如"Blockman 3rd Person"，此时的引擎界面形态如图 2.63：

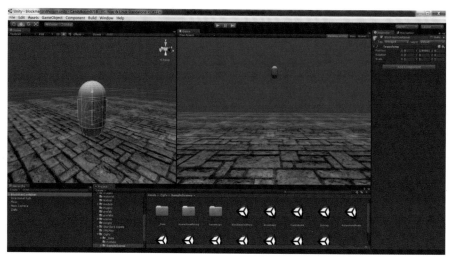

图 2.63　Unity 引擎中的 Blockman 3rd Person

在左边的 Scene 视图中，我们可以编辑场景物体；而通过右边的 Game 视图，我们可实时进行游戏。Game 视图上方有三个按钮，其中左边的按钮，类似音乐播放器中的播放键，控制开始游戏；通过按下中间的暂停按钮，设计者可在游戏运行中立刻暂停；而右侧按钮是在游戏暂停时，显示游戏运行到下一帧的景象。

我们点击开始游戏按钮。如果游戏引擎与体感外设连接正常，我们可观察到 Kinect 左边的镜头稳定发射红外线，屏幕右下角显示玩家的身体轮廓，游戏场景中出现一个简易人体模型，并且可被玩家实时操控，引擎界面如图 2.64 所示：

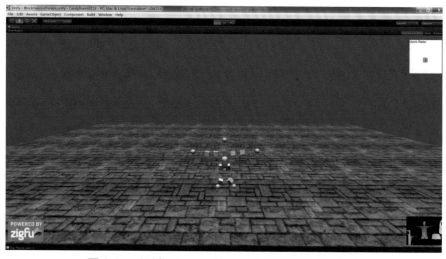

图 2.64　通过 Kinect 捕捉真人动作并同步虚拟角色

现在，我们可以着手进行体感游戏的研发了。

Zigfu 开发包中具备数量众多的脚本，其中 Zig Skeleton 尤为重要。不难发现，Sample Scenes 中的不少场景都涵盖具有该脚本的游戏对象。在图 2.63 展示的场景中，选中 Hierarchy 窗口下 Blockman Container 的子对象 Blockman，通过 Inspector 窗口，我们可观察它具备的 Zig Skeleton 组件，如图 2.65 所示：

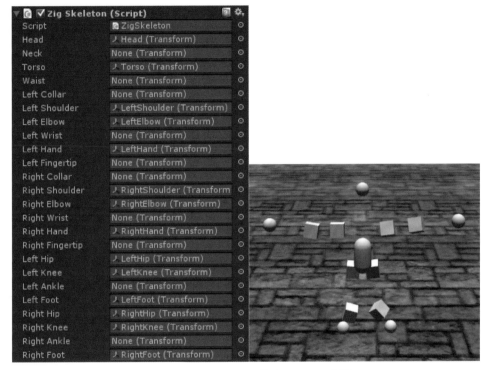

图 2.65　Blockman 的 Skeleton 组件

该组件为一个脚本，从图中我们可观察到这是一个 C# 脚本。Unity 对于脚本组件的显示，是在第一栏展现脚本文件，如图 2.65 左边的 "Script"，而以下的所有变量均为该脚本当中的公有成员变量，如图 2.65 左边中的 Head、Neck 等，我们能够在界面上直接对此变量进行编辑和调整。

Zig Skeleton 呈现了一系列身体部位的变量，其中某些被赋值了，而其余的则显示 None(Transform)。脚本代码执行的是，将 Kinect 捕捉到的玩家身体部位节点对应到已被赋值的变量所代表的模型节点上，因而拥有 Zig Skeleton 组件的模型将伴随着玩家的运动而运动，其姿势与玩家完全匹配。

打开 Sample Scenes 下的 Avatar Frontfacing 场景，我们可发现人物模型 Dana 具备 Zig Skeleton 脚本，在运行该场景时，这个女性形象的模型实时对应着玩家姿势。

在 Unity 引擎中，我们可建立多个场景（Scene），它们可以代表不同的关卡、不同的区域等。因此我们首先新建一个场景：点击 File->New Scene，此时 Scene 视图将呈现一个空白的场景。由于主场景需要体感操作，我们先将 Avatar Frontfacing 场景中的 Dana 和 Zigfu 对象拷贝到新建立的空白场景当中。

Candy Bomb 一共有三部分需使用体感操作：主角的移动和释放炸弹、天桥驾驶以及用户界面交互。

游戏对象的交互性通过脚本实现，编写代码后，将脚本附加给相关对象即可。我们在工程中新建一个 C# 脚本（当然，此处建立任何一种引擎所支持的语言的脚本皆可），对于所有与体感操控相关的脚本，我们均可调用 Dana 对象 Zig Skeleton 脚本中的身体部位变量，以实时判断玩家的动作或姿势是否符合设计方案。

针对主角的移动，我们在脚本中不断计算玩家的头部到胯部所形成的向量与垂直向上的向量之间的夹角度数，当该角度大于一定数值时，再判断玩家此刻向何方向倾斜。例如，在模型 Dana 面朝 Z 轴正方向、身体左边为 X 轴负方向的前提下，当头部位置的 X 值小于胯部位置的 X 值时，说明玩家此刻向左倾斜，主角应向左移动。使用相同算法，我们可将玩家向四个方向行走的代码编写完毕。

天桥驾驶的算法较主角移动更为简单，只需捕捉两手的位置，并计算它们所形成的向量和水平向量之间的夹角角度，角度越大则说明虚拟方向盘被转动得越剧烈，因而主角的水平方向移动速度越快。此外，再计算左手和右手垂直高度的差值——当左手位置高于右手时，主角驾车向右移动，反之则向左移动。

针对用户界面的交互，我们可想象自己贴在一块虚拟的空气屏幕上，颈部为虚拟屏幕的中心位置，屏幕长 1 米，高 0.75 米（这些数值可在脚本中根据设计师的测试进行调整）。通过 Kinect 实时捕捉两手位置，我们将计算出左、右手在虚拟屏幕中的坐标，以相同比例对应到真实的计算机屏幕上，实现与用户界面的互动。

2. 角色控制

在美术人员建立好糖果人的模型后，我们先将它放置于 *Candy Bomb* 的工程文件夹中，随后 Unity 将对其自动读取，我们即可在引擎界面的 Project 面板下将模型拖拽并放置进虚拟场景中。

　　此时的游戏主角仅为一个视觉形象，它无法在玩家的控制下运动，没有任何物理效果。因此我们要将体感控制主角移动的脚本赋予糖果人，并为其添加一个碰撞体。所谓碰撞体（Collider），是 Unity 引擎携带的一种物理组件，模型本身可被比作没有躯壳的灵魂，它能够随意穿透其他物体，同时不受重力等作用力的影响。碰撞体类似于灵魂的肉体，一旦对象被添加碰撞体，它将具备碰撞检测等一系列物理计算的能力。

　　物理组件中有多种形状的碰撞体，例如立方体碰撞体（Box Collider）、球形碰撞体（Sphere Collider）、胶囊形碰撞体（Capsule Collider）等，由于糖果人更接近胶囊体，因而我们为其添加胶囊碰撞体组件——在 Hierarchy 面板中点击选中糖果人模型，在 Inspector 面板中，点击 Add Component->Physics->Capsule Collider，我们可通过调整碰撞体的各方面数值，使其完全包围模型（如图 2.66）。

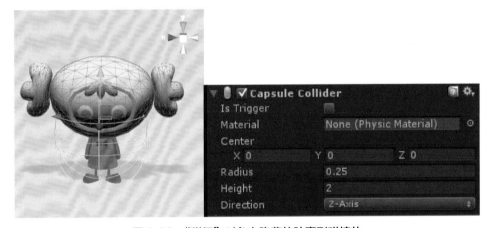

图 2.66　"甜仔"对象上隐藏的胶囊形碰撞体

　　接下来，在实现主角的运动方面，我们使用 Unity 携带的角色控制器组件。为糖果人添加 Character Motor 以及 Character Controller（在 Unity 中，为对象添加组件的方式均为在 Inspector 面板中，点击 Add Component，并在菜单栏中输入组件名）。Character Motor 组件中包含各类物体运动的参数，如图 2.67 所示。

　　我们可编辑 Character Motor 的各类参数，例如设置糖果人前进、后退、横向行走的速度（图 2.67 中 Movement 变量组中的前三项参数）等。在控制糖果人运

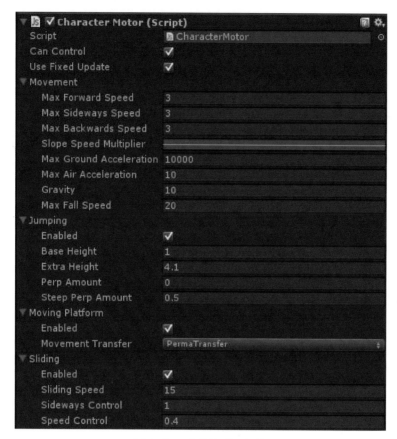

图 2.67　人物控制器组件

动的脚本中，我们首先依据玩家的身体姿势判断主角当前的运动方向，接着将该运动方向赋值给 CharacterMotor.js 脚本中的 inputMoveDirection 变量。如此，主角糖果人将在玩家身体的控制下进行相应方向的运动，并且该运动遵循牛顿力学原理——我们可观察出糖果人起步和停止的加速、减速过程；在没有地面的支撑下，糖果人将永远保持自由落体状态；行走的同时进行碰撞检测，如有障碍物阻挡，糖果人将停止运动。

3. 敌人的寻路算法

敌人对主角的追踪本质是创建一条最短的路径，并沿着该路径行走至主角位置，在此期间，它不能穿过任何一个障碍物。因而，创建寻路算法时，我们必须知道主角的当前位置以及正在变化的地图信息（由于某些方块会被炸毁，地图信息是不断更新的状态）。在介绍寻路算法的完整制作过程之前，我们将先讲述游戏地图的创建，这样读者将更好地理解敌人寻路算法的制作原理。

在创建关卡时，先由关卡设计师在 Excel 中设计地图信息，使用不同的数字代表主角、敌人、两种方块障碍物、火箭等（如图 2.68 所示）。

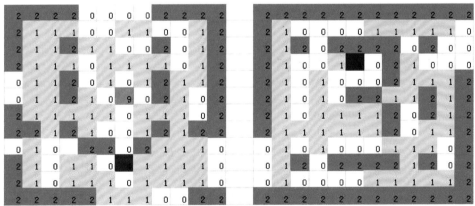

图 2.68　关卡设计图

之后在 Unity 工程中，我们创建一个 xml 文件，将立方体六个面的 Excel 中的地图信息输入到 xml 文件中（如图 2.69 所示）。

为游戏地形编写脚本，在游戏开始时读取 xml 文件中的数据，根据图 2.69 "row type" 中的数值，自动生成空白地形表面的障碍物。注意，在此之前，我们应先在脚本中定义两个公有成员变量，并将可被炸毁和不可被炸毁的障碍物立方体对象赋值给这些变量。因而在代码执行过程中，例如当判断数值为 "2" ——应该实

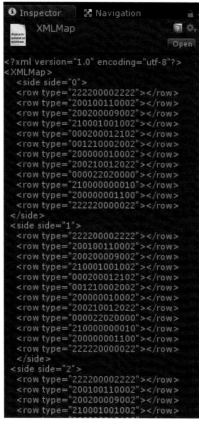

图 2.69
xml 文件当中对关卡信息的编码

例化一个不可被炸毁的障碍物时，它才可调用之前我们已赋值的变量，像使用模板一样实例化一个新的游戏对象。

在地图的创建编写完毕后，我们将着手进行敌人寻路功能的实现。在此我们有两种方案：使用 Unity 中 Pathfinding 寻路组件下的导航网格 Navigation；自行编写脚本，实现寻路算法。在立方体关卡当中，由于地形的旋转特性，采用自行编写的寻路脚本；而 Boss 关卡的地形不具备旋转或其他运动性质，我们使用 Navigation 更为轻松地实现寻路，以下我们将详细介绍该导航网格的使用。

Boss 关的游戏场景十分简单，由于 Boss 魔方的生成、火焰的喷射、敌人的生成等等均由脚本控制，因而在创建场景时，我们仅需搭建一个平台，并设置不可被炸毁的障碍物，如图 2.70 所示。

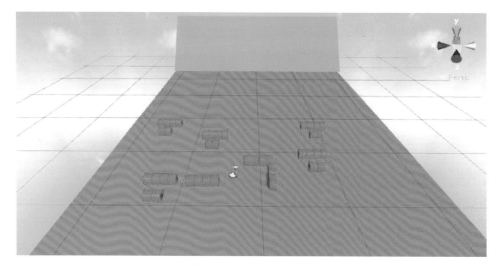

图 2.70 Boss 关场景

　　使用导航网格的第一步，我们需要烘焙地形。在 Unity 的引擎界面中，我们点击菜单栏的 Windows，并在下拉菜单中选择 Navigation，我们即可在界面中观察到 Navigation 面板（如图 2.71）。

　　将地形平面以及障碍物均设置为"Static"（如图 2.72）。

图 2.71　Navigation 面板　　　　　图 2.72　地面和立方体的属性

　　此时进入 Navigation 面板，点击"Bake"按钮，我们即可烘焙出一张地形图（如图 2.73）。它"去除"了障碍物的位置，使之后进行寻路的敌人在没有障碍物的区域进行寻路，因而出现"绕过"障碍物的现象。

　　进行寻路的敌人须具备 NavMesh Agent 组件（如图 2.74），该组件可通过 Add Component->Navigation->NavMesh Agent 予以添加，也可在游戏对象的脚本中编写代码添加。在脚本中，我们调用 NavMesh Agent 组件当中的"设置目标位置"函数，将主角糖果人的位置实时传递给该函数，那么敌人将不断追踪主角，进而实现我们预期的效果。

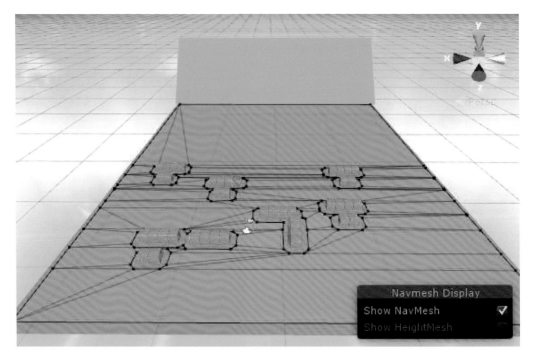

图 2.73　生成 NavMesh 后，我们可见障碍物和自由行走的路段

图 2.74　NavMesh Agent 组件

由于此时烘焙而成的地图包含了固定的障碍物信息，而 Boss 魔方在进入某一阶段时，其所有小方块将散落一地，这些小方块不同于最初我们设置在场景中的障碍物，因为它们是动态变化的，我们无法预期每一次魔方碎裂后，每一个小方块将处于地面的什么位置，因而无法通过烘焙将其信息输入导航网格。如果不作处理，当魔方碎裂后，敌人将能够穿过这些小方块追踪玩家，这显然不能被玩家接受。解决方案是，为每一个 Boss 魔方的小方块添加 NavMesh Obstacle 组件，该组件可被赋予场景中任何的动态障碍物，携带 NavMesh Agent 的游戏对象将在寻路时避开它们，图 2.75 为具备 NavMesh Obstacle 组件的 Boss 魔方小方块之一，我们可观察到其中绿色的圆柱形碰撞体。

图 2.75　NavMesh 中的障碍物

除上述三部分，*Candy Bomb* 还有很多重要部分需要精心编程，例如摄像机动画、场景过渡特效、UI 按钮的动画效果等，由于 Unity 引擎已具备众多插件，我们在充分利用之余，在自行编写脚本时，能够将精力完全集中在游戏逻辑的编写上，这帮助设计师大幅提升了工作效率，同时其简易的交互界面让美术人员直接参与场景的搭建，节省了程序员和美术人员的沟通成本。

（二）数字装置艺术 *Digi-Clay*

Digi-Clay 是在 Unity 游戏引擎下完成的交互装置艺术作品，所有代码均使用 C# 语言编写。在作品的制作过程中使用了 ZigFu、NGUI、Facebook API 等相关资源协助开发。本小节侧重探讨 *Digi-Clay* 中的三个核心功能：体感交互、实时网格变形算法、社交网络自动发布。

1.体感交互

Digi-Clay 体感交互部分的核心区域在于双手与花瓶模型的互动，以及对用户界

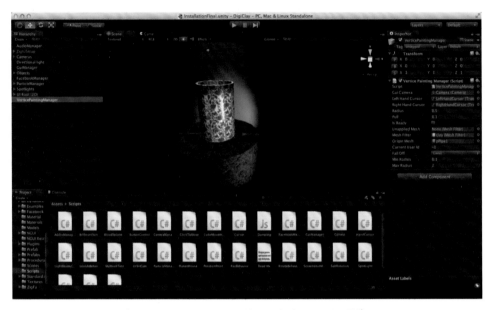

图 2.76　Unity3D 下的 *Digi-Clay* 项目截图

面元素的操控。利用 Zigfu 中的 Zig Skeleton 脚本，实时捕捉左右手的位置，之后的编程原理在上文的 *Candy Bomb* 中已有详细介绍，此处不再赘述。

2. 实时网格变形

将花瓶的三维模型拖拽放置到虚拟场景后，点击选中花瓶模型，我们即可在 Inspector 面板中观察到它的"Mesh Filter"组件，任何一个模型被导入 Unity 后，它都将具备这一组件。而随后，我们也将通过"Mesh Filter"进行网格变形的处理。

我们创建了一个名为"Vertice Painting Manager"的类，用于对网格数据进行实时变形。如图 2.77 所示，有几个关键的变量值得我们注意：Radius 变量控制的是受到变形影响的半径，它的值越大，受到变形影响的顶点就越多；Pull 变量控制网格的形变量，它的值越大，顶点的变形速度便越快。这两个值需要在测试过程中进行微调，以确保获得最佳的用户体验。

首先我们将化瓶模型的所有网格顶点保存在一个数组当中，随后不断获取两手的三维坐标高度值（y 值），遍历整个网格顶点数组，依次计算每个顶点的坐标高度值（y 值）与两手高度值间的距离，当距离小于 Radius 变量时（说明花瓶模型的当前网格顶点距离"捏陶器"的手部位置很近），该顶点将根据玩家的操作向外或向内移动一定距离（最终将表现为花瓶某部位的扩大或缩小）。

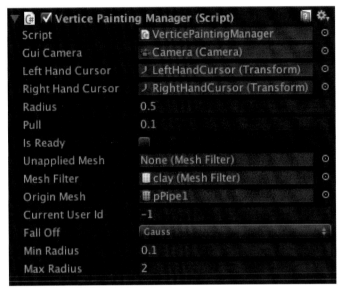

图 2.77　Vertice Painting Manager 组件

　　设计师预计的效果为距离"捏陶器"的手部作用位置越远的顶点受影响越小，因而我们在使顶点位置进行变化时，还应当为变化量乘以一个衰减系数，根据顶点与作用点的距离与 Radius 的关系，将衰减系数定在 0 到 1 之间——系数越接近 1，则衰减程度越小，顶点受到的变形作用效果越不明显；越接近 0，则衰减程度越大，顶点受到的变形作用效果越明显。

　　之后，我们将修改后的网格顶点数组再赋值给模型本身，并通过 RecalculateNormals( ) 和 RecalculateBounds( ) 两个函数使花瓶模型更新网格系统。

　　3. 社交网络自动发布

　　社交网络自动发布功能是 *Digi-Clay* 的重要特色之一，观众可以将自己精心制作的陶瓷作品上传至网络，真正实现了艺术作品的数字化创作与数字化传播。

　　在 *Digi-Clay* 中我们使用 Facebook 作为发布媒体，因此须使用 Facebook API。Facebook 为开发者提供了多平台的代码支持，其中包括 Unity 平台。将 Facebook 的 Unity 插件导入至项目工程后，引擎界面上将出现一个名为 Facebook 的菜单。在对 Unity 中的 Facebook 参数进行配置之前，我们需要在 developers.facebook.com 注册成为开发者，并创建一个新的应用，如图 2.78 所示。

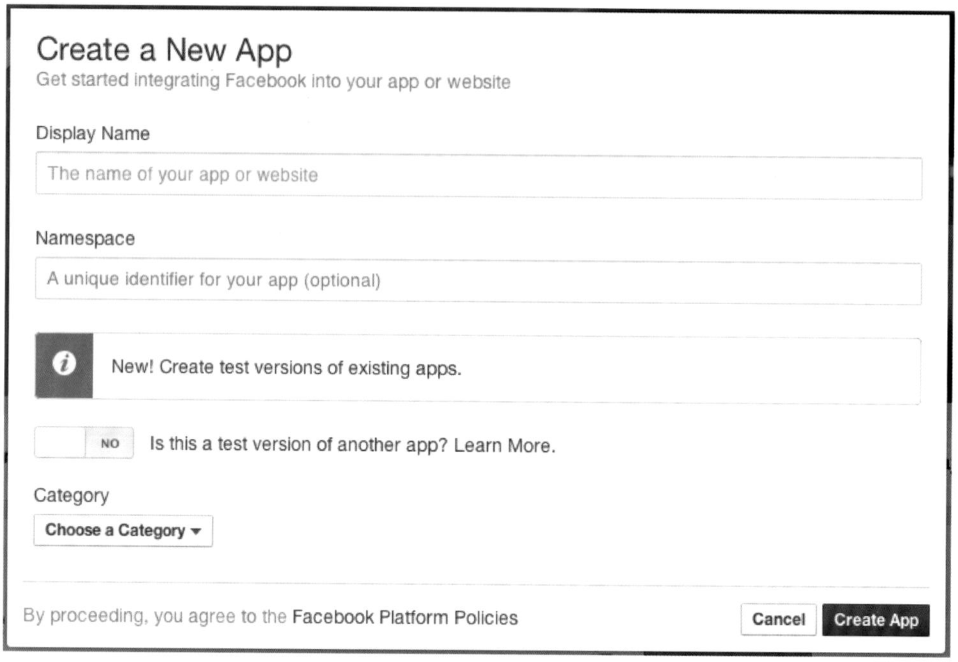

图 2.78　在 Facebook 中创建一个新应用

当新应用创建完毕后，我们便可获得该应用的 App ID 等相关信息（如图 2.79 ）。

接下来，在 Unity 中输入 App ID，进而完成配置（如图 2.80 ）。

当我们完成对 Facebook 的配置后，便可以编写代码来实现上传游戏截屏图片的功能。创建一个名为 "Facebook Manager" 的类，由它负责处理与 Facebook 通信相关的一切功能，其中包括几个重要操作。

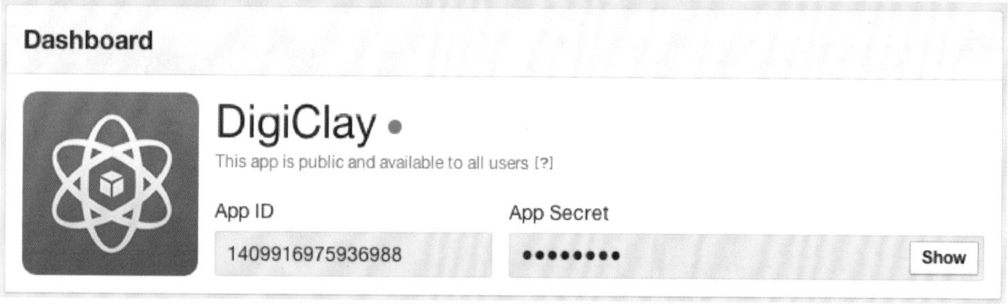

图 2.79　已创建的 Facebook 应用

图 2.80 Unity 中的 Facebook 参数设置

（1）初始化

在程序最初启动时，需要对 Facebook 插件进行初始化。我们在 Unity 提供的 Awake( ) 函数中调用 Facebook API 插件中的初始化函数——FB.Init( )。

（2）登录

当初始化完毕后，我们需要登录 Facebook 才可以进行进一步的操作。Facebook API 提供了 FB.Login( ) 函数，帮助我们进行登录。

（3）上传

当用户用手触摸上传按钮时，系统将进行以下几步操作：首先，隐藏屏幕上的 UI 元素，并令粒子系统产生飘落的花瓣；其次，获取屏幕截图，并将其保存为 PNG 格式；最后，将 PNG 文件加入到一个 WWWForm 中，并通过 Facebook API 将此 WWWForm 进行上传。

至此，*Digi-Clay* 的核心机制已开发完毕，为了烘托虚拟场景气氛，音乐的选择、灯光的布局、摄像机的调度等细节仍需要开发者制作核心机制的同等的精力与专注度。

项目研发的过程漫长而充满坎坷，在团队成员的一致努力下，作品将逐渐趋于完整，但同时，不少问题也将暴露出来，如程序是否流畅和稳定、美术风格能否受到玩家青睐、作品能否顺利发布在相应平台上、可玩性是否达到预期等，因而测试过程必不可少。在交互作品的研发中，有哪些重要的测试方案？开发者可如何高效地利用它们？我们将在下一节重点介绍。

第六节　项目测试

　　提及"项目测试"，我们多半会联想到解决软件程序的运行问题。而对于研究性项目或商业项目而言，程序的正确运行只是测试目标的一部分，程序员往往追求更优秀的内部架构、运行效率与容错能力，而策划师则需通过测试了解项目是否迎合目标受众。实际上，测试这一活动贯穿于整个项目当中，在团队成员通过创新思维构思原型时，大家根据各自的经验和想象，在脑海中构想玩法的可行性，去除可能不受用户欢迎的部分，并结合市场成功案例启发产品的主要创意内容；在项目的研发阶段，程序员的工作处于编写程序与测试程序的往复循环当中，而其他设计人员亦不断通过试玩当前版本修正设计方案的缺陷（甚至推翻核心玩法），并挖掘更多的可玩性潜力；当项目制作完毕后，团队要投入到强度更高的测试活动中，此时游戏核心已然确定，测试主要针对游戏的数值平衡性、程序的稳定性和效率性、美术风格的受欢迎程度等问题。

　　在本节，我们主要介绍两种最为常见的测试方法和测试进程，由于 *Digi-Clay* 和 *Candy Bomb* 均为体感交互软件，但是后者的游戏场景、游戏机制等数量更为繁多，因而在这里，我们选择 *Candy Bomb* 作为案例讲述，对于每一小节，重点讲解项目的某几部分测试过程。

一、测试方法

（一）黑盒测试

　　黑盒测试也可称为"黑箱测试"，顾名思义，我们将游戏的各式机制想象成一个暗箱，用户无法了解其内部运转机制，只能向暗箱输入一定信息后，得到它对用户的反馈。日常生活中我们使用的绝大多数电器都满足"暗箱"的特性，例如个人计算机，我们无需得知主机机箱内的工作原理，希望拷贝文件时，向 USB 接口插入 U 盘（输入信息），屏幕上弹出的对话框即可显示相关资源（对用户的反馈）；对于浏览器这一软件，我们无需学习其中的程序设计，希望查找资料时，向浏览器界面输入词条（输入信息），浏览器随机展现出数不胜数的相关解释（对用户的反馈）。

在软件测试过程中，黑盒测试是在不考虑程序内部结构和特性的情况下，检测每个功能是否能正常使用——检验接口是否适当地接收用户的输入信息，并产生准确的反馈。黑盒测试着眼于程序的外部结构，不考虑其内部逻辑，主要针对软件界面和软件功能进行测试。

在游戏测试中，我们主要尝试使用黑盒测试法发现功能的不正确或遗漏、用户界面设计不当、输入和输出信息有误、数据库访问错误、初始化和终止程序错误等。理论上而言，只有在将所有的可能性全部输入作为测试的情况下，才能测试出所有的程序错误，然而这是不切实际的，通常我们会采用一些方式，保证测试过程具备一定的组织性和效率性，例如等价类划分法、边界值分析法、错误推测法、因果图法、判定表驱动法、正交试验设计法、功能图法、场景法等。

在这里我们介绍 *Candy Bomb* 中用户界面和主角操控两部分的测试过程，其余部分同理。

1. 用户界面的功能和效果

其中必须测试的功能为不同的按钮被激活后，游戏是否进入相应的场景或状态；而效果则是按钮在不同状态下的图片、文字、动画效果等是否符合预期。

针对 *Candy Bomb* 的用户界面，我们测试两手是否能够分别流畅并精确地控制一个手形指针（类似鼠标指针）；在开始界面、设置界面、"关于我们"界面、退出界面等场景，测试每个按钮在正常状态下所显示的图片、大小、位置和动画是否正确；测试每个按钮在被双手中的任何一只手激活时，其对应显示图片、大小和动画效果是否正确；测试每个按钮在被两只手同时激活时，最终被执行的时刻是否正确；测试左右两手在用户界面上的自由状态和激活按钮状态时的环形进度条效果是否正确；测试每个按钮被执行后，游戏进入的另一场景或另一状态是否正确；测试每个按钮被激活和执行时，播放的音效是否正确。

除上述内容外，策划师在测试过程中观察每一个用户界面元素的信息表达准确度、视觉效果美观程度、反馈的及时性等问题，当发现功能错误或可被改进的效果时，策划人员及时将其记录下来，并报告给程序人员或美术人员，通知他们对相关内容进行修正或改善。

2. 主角糖果人的操控

我们首先测试在身体前倾、后倾、左倾、右倾的情况下，糖果人是否向相应方向移动；在下蹲时，糖果人是否在原地放置普通炸弹；在双手高举并下蹲时，糖果人是否在原地放置果冻炸弹。（注意，在编写好主角的移动操控后，程序员已对其进行过测试。当时的测试着重基本功能的实现，而在现阶段，测试过程更为细致，且需综合用户体验的要素。）

随后，我们测试当身体同时向前倾斜和向左倾斜时，糖果人是否沿斜方向行走，在遭遇障碍物时，是否停止其中某一方向的运动速度，而保持另一方向速度。

主角糖果人的操控虽然简单，但通过测试，开发团队发现了不少问题，例如玩家在下蹲后，起身的过程会本能地向前倾斜，这在游戏中表现为放置炸弹后，糖果人将向前行走一定距离，让测试者感到主角难以驾驭；玩家在同时向两个方向倾斜并在某一运动方向遭遇障碍物时，由于障碍物的摩擦效果，主角向另一方向的运动速度大幅度减小，测试者反映游戏过程十分劳累，用户体验欠佳；Kinect 在捕捉玩家骨骼时存在一定误差，在测试中，当玩家处于立正状态时，游戏却判断其为向左倾斜（误差随不同测试者而异）。

上述问题在程序员的精心调试下逐步得到解决，虽然程序的漏洞会在不同程度上为开发者带来挫败感，但通过测试和修正的迭代，游戏质量也将不断上升。在黑盒测试过程中，测试者不关注测试内容的内部程序，而是将精力完全灌注于输入和输出的合理性上，在程序运行正确的情况下，思考交互行为是否及时、流畅、人性化，从而进行设计方案的完善。

（二）白盒测试

白盒测试也称结构测试、透明盒测试、逻辑驱动测试或基于代码的测试，"盒"是指被测试的软件，与黑盒测试不同，"白盒"可被理解为软件的内部机制是可视化的，程序本身是被测试的内容，测试人员需全面了解程序逻辑结构（从某种意义上来说，测试人员必须是程序员），检查程序的内部结构，并对所有的逻辑路径进行测试。

在使用黑盒测试时，由于输入的信息有限，我们或许会得出程序运行"无误"的假象，因为程序员在编写代码时，忽略部分细节是常有之事，而通过黑盒测试，我们无法直接剖析程序内部的运行机理，如果常规的输入恰好能够得到合理的输出，或者外部特性本身的设计有误，用黑盒测试则无法发现问题。这样的隐患在游戏面向广大玩家后十分危险，因而白盒测试过程不可缺少。

在 *Candy Bomb* 项目中，程序最为复杂的部分为敌人的最短路径寻路机制。在对此部分进行白盒测试时，我们首先"改造"程序，在界面上添加 UI 元素，以显示敌人当前的运动状态、速度、追踪到的目标点位等，同时编写一个小程序，使我们在实时运行游戏程序时，能在地图上使用鼠标左键点击而重新设置敌人追踪的目标点，测试员通过不断更改目标位置，查看敌人实时变化路径的程序是否运转正常。此外，使用醒目的视觉元素标记敌人根据目标点生成的路径，如此我们将程序运行的结果通过可视化的形式呈现出来。

在程序内部，程序员在每一行与计算相关的代码后添加输出计算结果的语句，例如使用 C# 语言编写的 Debug.Log( ) 语句，在 Unity 引擎界面中，激活 Console 面板，我们即可观察该语句输出的结果，如图 2.81 所示，其中带有红色感叹号的信息表示程序出错，带有黄色感叹号的信息为警告，而带有白色感叹号的信息为正常输出的信息。

此外，在窗口化运行游戏时，测试员可选中场景中的任一游戏对象，并在 Inspector 面板中查看和更改该对象的所有组件信息，结合上文所述的程序视觉化显

图 2.81 Unity 引擎的信息输出栏

示以及编写代码输出计算结果，我们通过在游戏场景中手动设置敌人的追踪目标点，在 Inspector 面板中更改敌人的运动速度、刷新路径的时间等一系列数据，并通过 Console 面板查看寻路算法中每一步的运算结果，形成了一个简单而细致的测试过程。同时，在每一步更改数据之前，程序员均花费短暂时间再次阅读代码，并将其逻辑过程和应该呈现的输出结果书写在白板或笔记本上，并将真实的测试结果和自行推理而出的结果进行对比，若两者吻合，即表示该部分程序运行正确。

在 *Candy Bomb* 项目中，我们还使用白盒测试法检验了主角糖果人的运动、立方体地形的旋转以及 Boss 关卡中"邪恶魔方"所有技能的程序，检验过程与敌人寻路的测试类似，测试人员均将程序可视化，并通过更改游戏对象的组件信息，输出详细的运算数值，检测在每一阶段程序的运行是否正确。

二、测试进程

和进行其他任何科研活动一样，良好的计划将让测试过程事半功倍。一般而言，软件项目的测试将被分为 2—3 个阶段，并针对不同阶段选择合适的测试人员，检验不同的内容。在项目制作完毕后，由内部人员对软件功能本身进行的测试通常被称为 Alpha 测试；而当产品各方面运行正常后，由外部人员（包括最终用户）对软件进行更加全面和细微的测试过程则是 Beta 测试，在此过程中，团队吸收更多来自用户的建议，并对软件内容进行改良，之后即可发布产品。

（一）Alpha 测试

Alpha 测试是指软件开发的内部人员模拟各类最终用户的行为，对产品进行测试，试图发现错误并修正的过程。Alpha 测试的关键在于尽可能逼真地模拟实际运行环境和用户对软件产品的操作方式，并尽最大努力涵盖所有可能的用户操控方式，而 Alpha 测试的目标则为评价软件产品的功能、局域化、可适用性、可靠性、性能和支持等，并尤其注重产品的界面和特色。

Alpha 测试可从软件编程结束时开始，或在程序的某个模块测试完成之后开始，也可在测试过程中，已确认产品达到一定的稳定和可靠程度后再开始。

Candy Bomb 项目的 Alpha 测试阶段全程由开发团队成员执行，主要针对游戏程序的运行准确度和流畅度，并对部分体验不佳的设计方案进行改良，经过测试与修正，该游戏的最终运行效果达到完整、流畅、可以直接面对玩家的程度。测试过程中，我们使用了上文介绍的黑盒测试法和白盒测试法。

Candy Bomb 项目总共有三名成员负责程序开发，每位程序员负责若干游戏功能的实现，在黑盒测试阶段，全部团队成员参与测试。针对正在测试的模块，责任程序员（即负责实现该部分交互机制的程序员）在笔记本或者白板上记录程序错误，游戏由其他成员进行直接的测试。

在黑盒测试之后，项目进入白盒测试阶段，此时只有三名程序员参与测试。针对正在被测试的程序模块，责任程序员对所有输出的数据进行审核，判断程序运行是否正常，而其他人员则在责任程序员的指挥下配合测试。

在白盒测试完成之后，团队所有成员再次进行黑盒测试，确保游戏各方面运行无误后，项目进入测试的下一阶段——Beta 测试。

（二）Beta 测试

Beta 测试是一种验收测试，即软件产品在完成了功能测试和系统测试之后，在产品发布之前所进行的软件测试活动，它是技术测试的最后阶段，通过了 Beta 测试，产品即将进入发布阶段。Beta 测试一般根据产品规则说明书严格检查产品，逐行逐字地对照说明书的详细信息检验软件功能，确保所开发的产品符合用户的各项要求。在通过综合测试，确保已排除所有接口方面的错误后，Beta 测试即可开始，而通过该测试检测软件是否按合同要求进行工作，即是否满足软件需求说明书中的确认标准。

在对 *Candy Bomb* 进行 Beta 测试时，首先，团队成员对照游戏说明书逐一检验相应的游戏交互机制；其次，项目组邀请部分潜在玩家进入实验室对游戏进行试玩，并记录下他们认为不够合理或者不够流畅的用户体验。之后，项目组结合用户提出的建议对游戏机制和游戏说明书进行修改，在团队内部事先执行一轮黑盒测试后，再次邀请了其他用户进行试玩。经过数次测试和修正的迭代，项目组确立了最终可以发布的作品。

至测试完成，一个游戏项目已然成熟，可进入游戏市场面向广大玩家。当然，后期的广告投放、压盘包装、市场营销等环节依然十分重要，在这里我们不对其进行讲述，对此抱有兴趣的读者可以参阅其他相关书籍。

第三章　网站应用类作品创作方法

Wang Zhan Ying
Yong Lei Zuo
Pin Chuang Zuo
Fang Fa

- 网站应用类作品创作流程概述
- 网站案例"一品好茶"
- 移动 H5 专题页案例"视觉云"
- 原生应用（App）案例"花谱"
- 高阶技巧——设计的力量

　　本章主要讨论网站应用类作品的创作方法，以该类型作品的创作流程和方法为主线，结合一个主要案例和多个次要案例进行分析。如此，能够提高设计方法、理论和原则与创作的结合度，比纯理论的讲授更具有实践指导价值。为了避免版权纠纷，本书选择中国传媒大学动画学院"研究生课程案例"的虚拟主题作为主讲案例：网站案例"一品好茶"、移动专题页案例"视觉云"、App 案例"花谱"，并选取成功的商业案例作为次要案例辅助讲解，以提高我们与企业接轨的就业能力。

　　本章所讨论的网站主要包括传统 PC 端网站和新兴的移动专题页（以微信平台的 HTML5 专题页为主）。应用类作品主要指基于移动终端的原生应用，考虑到在苹果、安卓和微软"三足鼎立"的状态下，微软的移动应用商店处于萎缩状态，前段时间微软发布终端能够兼容安卓和苹果应用，由此整个移动原生应用市场将由苹果和安卓应用占据；安卓系统开源导致应用乱象丛生、终端良莠不齐等问题，不利于初学者的规范性学习要求，因此本书选取苹果应用为例进行讲解。

第一节　网站应用类作品创作流程概述

　　数字媒体作品中的网站类作品和手机应用类作品，在创作流程上有异曲同工之妙，大致流程包括以下几个环节：产品定义、功能策划、视觉风格设定和开发测试。

一、产品定义

　　完成一个项目或产品，可以把它理解为一个特殊的工作或过程，它不是喝茶、跑步或参加演唱会，不是漫无目的的，是为了解决某些人的某个问题而进行的创造性活动。在这个意义上，项目团队首先要确定产品的目标用户和用户急需解决的问题，也可称为"刚需"。确定用户需求后，将现实需求转化成产品功能，并根据用户使用逻辑重构功能框架，也就是产品的功能策划。

二、功能策划

对于产品的功能策划，我们主要把握三点：功能的层级、流程和单个功能细节。功能的层级主要是将具有父子关系的功能进行树状排列，形成结构图，明确大致工作量；把握功能的流程形成流程图，明确功能间的交互环节、查找错误；确定

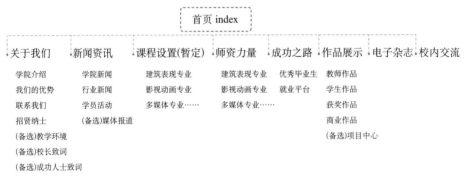

图 3.1　结构图

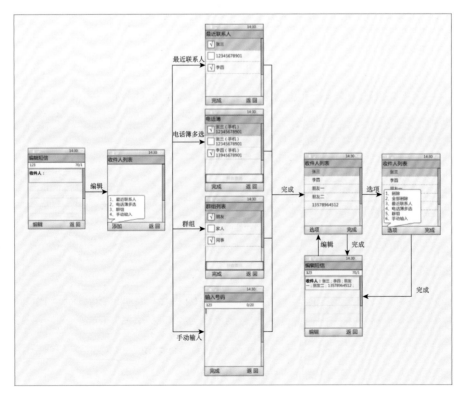

图 3.2　流程图

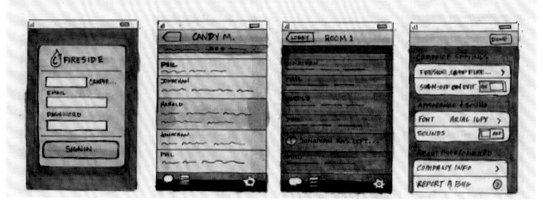

图 3.3 线框图

单个功能细节需要借助于线框图（草稿图），明确页面结合、确定功能细节。网站功能策划中主要用结构图和线框图；移动专题页功能策划中主要用流程图和线框图；App 功能策划中主要用结构图、流程图和线框图。

功能策划的最终产物是产品的功能原型，可以通过 Axure 软件绘制产品的功能页，并实现功能之间的交互。

三、视觉风格设定

根据用户需求确定产品的主要功能，即功能原型后，开始第二个环节即视觉风格设定。视觉风格的设定主要包括三个要素：整体配色基调、辅助素材和质感选择。产品的配色基调根据品牌价值和用户欣赏习惯设定；辅助素材根据产品的功能和设计关键词设定；质感选择根据产品功能和当下的设计流行趋势设定。

举一个例子，淘宝商城改版为天猫，首先，在配色基调中，主色由淘宝的橙色改为天猫的红色，红色的色彩情感比橙色更加稳重大气，代表淘宝的高端产品。其次，天猫的主要功能是展示产品均为国内外一线大牌产品，因此其设计关键词是奢侈、华丽等，选择与关键词相对应的辅助素材如香水、模特、手表等。最后，对于整体质感的选择，天猫选择时下流行的微质感搭配扁平风格。

当然，在设计风格稿中的三个要素中，最重要的是配色基调的确定，素材和质感是对整体效果的修饰，烘托设计氛围。一般情况下，网页和 App 的配色分为三个层次：背景色、前景色的比例为 7∶3。背景色在整个画面中占比最大，70% 左右，天猫网页中表现为白色；前景色包括主色和节奏色，主色是一个色彩倾向明确的颜色，占比 25% 左右，天猫网页中表现为红色；强调色又称为节奏色，用来烘托或对比主色，使画面富有变化，占比 5%，天猫网页中表现为模特或产品上带的颜色。此外，白色会冲淡其他颜色，黑色会加深其他颜色。

四、开发测试

确定了产品的功能逻辑和视觉风格后，进入开发测试阶段。

以上就是网站应用类数字媒体作品创作的四个主要步骤和流程，接下来结合网站案例"一品好茶"、移动端专题页"视觉云"和 App 案例"花谱"，为大家详细分析每个步骤中的创作方法和技巧。

70%   25%   5%

图 3.4 色彩配比

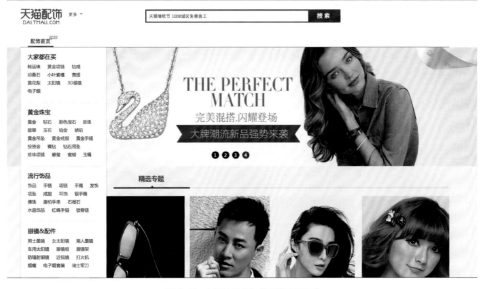

图 3.5 配色案例（天猫配饰）

第二节　网站案例"一品好茶"

"一品好茶"网站案例背景

以"一品好茶"这个虚拟品牌为主题创作一个网站，宣传公司品牌、介绍公司产品以及提供网上订货服务等。

一、定义网站

产品定义是对网站或 App 的整体把握，主要从用户需求出发，也就是这个网站或这款 App 要解决哪一类用户的什么问题。

"一品好茶"网站的用户需求

分析网站的用户需求首先要明确建站的目的，在这个网站项目中其实存在三方关系：客户、用户和网站设计开发团队，我们在确定建站目的的时候应该考虑到客户和用户的双方需求，最终确认为："一品好茶"品牌宣传平台，服务于客户；产品介绍载体，服务于客户和用户；一个招商平台，服务于客户和用户。

根据三点建站目的，将网站结构分为：企业文化宣传功能——传播企业品牌和价值；展示功能——介绍茶叶产品分类、特点、销售等信息；加盟交流功能——为有意向的合作者提供联系方式、合作条件等信息。

根据网站结构确定整站的一级导航，企业文化宣传功能由"关于我们"和"新闻中心"两个版块负责；展示功能由"产品展示"和"营销网络"两个版块负责；加盟交流功能由"营销网络""客户中心"和"联系我们"三个版块负责。

综上，"一品好茶"整站的一级导航确定为：关于我们、新闻中心、产品展示、营销网络、客户中心、联系我们六个版块；其中"产品展示"和"营销网络"根据需要细分出二级导航。

二、网站功能策划——"三图法"在网站策划中的运用

根据网站应用类作品创作流程中的功能策划"三图法"，确定"一品好茶"网站的功能结构。

"一品好茶"结构图

根据"一品好茶"的用户需求将网站分为 6 个父级功能版块：关于我们、新闻中心、产品展示、营销网络、客户中心、联系我们，这 6 个版块属于一级导航，处于结构图的第一层，父级版块下再细分子级版块和功能，形成"一品好茶"网站结构图（如图3.6），大致确定网站的网页数量，明确设计工作量。

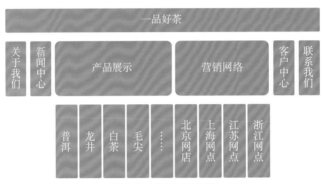

图3.6 网站结构图

"一品好茶"流程图

相较于 App，网站的流程图比较简单，一般按照导航的层级顺序排列。"一品好茶"的流程图如图3.7，同时检查是否有缺页漏页。

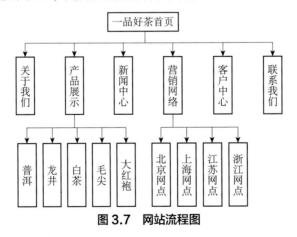

图3.7 网站流程图

"一品好茶"线框图

线框图在网站中的作用是对某个页面的功能栏目进行划分，由于网站的同级页面间的结构类似，所以在此分别给出网站首页、二级列表页面和详情页面的线框图，二级页面以产品展示页为例，详情页面以"大树普洱"和"大红袍"为例（图3.8、图

3.9、图 3.10、图 3.11）。在绘制网站结构线框图之前需要明确网页的构成部件，主要包括品牌、banner、导航、栏目和版权信息。

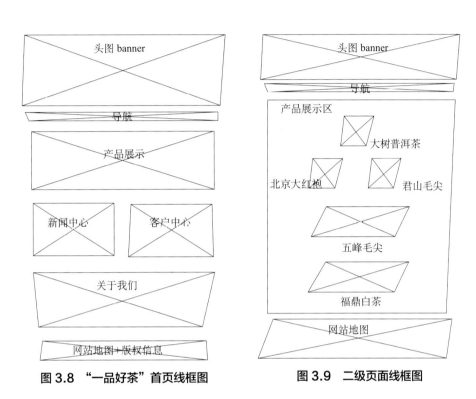

图 3.8　"一品好茶"首页线框图　　　　图 3.9　二级页面线框图

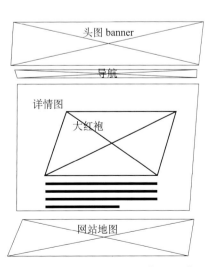

图 3.10　详情页线框图"大树普洱"　　图 3.11　详情页线框图"大红袍"

三、网站视觉设计方法

网站由一个个网页构成，在网页的设计要素中，需要着重学习的构成要素包括：配色、排版、banner（头图）、导航和栏目，接下来为大家一一讲解每个设计要素的设计方法和原则。

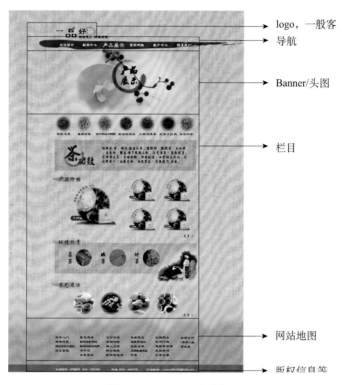

logo，一般客

导航

Banner/头图

栏目

网站地图

版权信息等

图 3.12 网页要素分解

（一）配色

常听人感慨，对于配色无感，但是色彩却是网站给受众的第一印象。在 Photoshop、illustrator 等图像设计软件中，每个色相最起码存在 256 个过渡色彩，如果无法选择正确的配色，那真是一件令人沮丧的事情。其实，网站配色有其规律和既定原则可以遵循，在总结配色原则之前，普及一下三个最重要、最基本的色彩术语。色相：色彩的相貌，通俗理解为"红橙黄绿青蓝紫"；饱和度：色彩强度或亮度，通俗理解为"色彩的浓度"；明度：色彩的明暗程度。

网站配色秘籍主要包括以下几点：

● 色彩比例控制：背景色 / 前景色 =7/3；前景色中的主色 / 辅助色 / 强调

色 =6/3/1。

● 主色选择方式：依据品牌 logo，或者产品主色。

● 如果品牌没有 logo，或产品没有主色，那么配色也可以根据主题的感情色
彩搭配选择。每种色彩都具有其感情倾向，比如红色代表热情、绿色代表
健康等等，不同的颜色搭配在一起也会给观者带来相应的情感引导。比如
某个刚刚建立的婴儿用品品牌，还没有成熟的 logo，其产品色彩纷繁、缺
乏主色，可以选择"柔和的、快乐的"的配色方案作其色彩搭配。

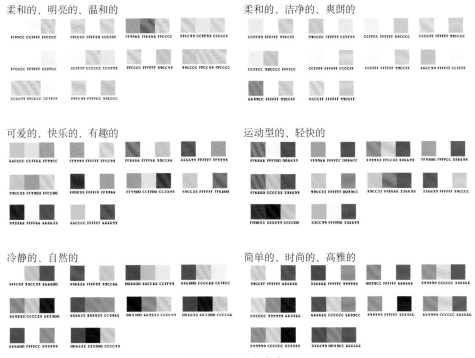

图 3.13　配色卡参照

　　由于"一品好茶"这个虚拟主题没有既定的 logo，因此，其主色可以选择产
品——茶叶的"绿色"，或符合其主题的、具有中国古典审美特色的"墨色"。然后
根据配色卡选取另外几种搭配颜色，从而构成整个网站的配色。可以从"自然的"
和"高雅的"这两类配色卡中选择相应的配色进行重组，最终我们将色彩确定为以
下三种（如图 3.14）。

图 3.14 "一品好茶"网站配色卡

（二）排版

排版又称作版式设计，是从传统的纸媒作品设计发展而来的，主要包括三个步骤、四个原则。三个步骤是对设计信息的理解、提取和布置，前两个步骤是版式设计的前提。四个原则是对信息布置的方法提炼：亲密原则、对齐原则、重复原则、对比原则（来自《写给大家的设计书》）。

对信息的理解、提取这两个步骤主要是为了规划所表达信息的重要层级。比如，文案中"一品好茶，顾客至上，锐意进取"这三个短句之间也有层级，品牌"一品好茶"在设计表现时比 slogan"顾客至上，锐意进取"更加重要。比如，"联系我们"版块的内容也有重要层级的区分，如何将不同层级信息进行专业的排版？

> 联系本公司的方式有三种：
> 1、电话：0515—8798××××或 010—7687××××；
> 2、传真：0516—4542××××；
> 3、公司邮箱：××××@126.com，欢迎联系我们！

第一步，整理信息，规定信息层级。

首先，理解这段信息属于"联系我们"版块；其次，提取有用信息并进行层级排列，"联系我们"和详细通讯信息属于不同层级，详细通讯信息中"电话、传真和公司邮箱"的表现层级高于其他信息。信息整理如下：

> 第一层级：联系我们；
> 第二层级：电话：0515—8798××××或 010—7687××××，传真：0516—4542××××，邮箱：××××@126.com ；第二层级中的"电话、传真、邮箱"字样的表现层级略高。

第二步，版式设计，表现信息层级。

首先是"亲密原则"。在一个页面中，物理位置的接近就意味着存在关联。把相关的元素分在一组，使它们建立亲密性，实现画面的组织性。

联系我们

电话：0515—8798××××或010—7687××××，传真：0516—4542××××，

邮箱：××××@126.com

　　其次是"对齐原则"。任何元素都不能在页面上随意安放，每一项都应当与页面上的某个内容存在某种视觉联系，实现画面的条理性。此外，因为在这一段文字设计中很难区分文本是有意居中还是无意为之，所以建议新手设计师多使用居左或居右对齐。

　　再次是"重复原则"。让视觉中的设计元素在整个作品中重复出现，重复元素可以是粗字体、色彩或某个符号等。这样既能增加条理性，更能加强统一性。比如，粗体的重复有助于统一整个设计，这是一种非常简单的将各个部分连接在一起的方式。但是，在"重复原则"的设计运用中要避免一个问题——避免太多地重复一个元素，重复太多会让人讨厌。

联系我们	联系我们
电话：0515—8798××××	电话：0515—8798××××
010—7687××××	010—7687××××
传真：0516—4542××××	传真：0516—4542××××
联系我们	联系我们
电话：0515—8798××××	◆电话：0515—8798××××
010—7687××××	010—7687××××
传真：0516—4542××××	◆传真：0516—4542××××

　　把重复元素表现得更明显，不仅使页面看上去更有趣，还能在视觉上增强其条理性和一致性。重复最大的好处是使各项看起来同属一组，虽然在某些情况下，元素看起来都不完全相同，但是，一旦建立一组关键的重复项，你就可以将其进行变化而又仍可保持一致。设计中，视觉元素的重复可以将作品中的各部分连在一起，从而统一并强调整个作品，否则这些部分只是孤立的单元。此外，重复不仅对单页文档有用，对于多页文档的设计更显重要。比如，对于同级网页的版式进行重复设计，效果可参照图3.38网站整体效果图（b）中"一品好茶"整体效果图版本一中的同级详情页"大红袍"和"安溪铁观音"的设计。总之，重复就是保持一致性！

最后是"对比原则"。对比是为页面增强视觉效果的最有效的途径之一，很容易吸引读者去看一个页面。比如，用字体和线条辅助突出对比效果。对比原则的根本目的是增强页面效果，有助于信息的组织。可以通过字体的选择，线宽、颜色、形状、大小、空间等方式实现对比，但运用"对比原则"时设计师需要注意，对比一定要强烈，比如不要将粗线和更粗的线进行对比，不要用棕色和黑色进行对比。

联系我们	联系我们
电话：0515—879XXXX 010—76XXXX	电话：0515—879XXXX 010—76XXXX
传真：0516—45XXXX	传真：0516—45XXXX
邮箱：XXXXX@126.com	邮箱：XXXXX@126.com

通过对比上图发现，字体之间强烈的对比使其更突显，更引人注目。这是线的另外一种用法，将粗线垫在白色字体的后面。

以上就是排版设计的四个基本原则，大家在网页设计过程中应该灵活运用到对文字、画面和图文交互的版式构成中，通过整理信息和四个版式设计原则的灵活运用，建立信息的条理性。

（三）banner

banner 又称作"头图"，是一个网站的广告位，用作宣传、推广某个产品或新功能等，它本身就是引导用户点击参与的入口。目的就是要吸引用户点击，所以我们可以用不同形式和手法来表现，让浏览者产生兴趣。

banner 由图片和文字构成，因此 banner 的设计环节包括三个部分：1. 根据文本主题搜集图片素材；2. 图文布局；3. 文字设计。

图片素材搜集

对 banner 的文字与图片等素材的选择必须做到主题明确，针对广告对象的诉求，形象鲜明地展示所要表达的内容，比如"一品好茶"的网页 banner 应该由茶叶、茶具等符合主题的素材构成。不要放一些无用的元素，除非你想赶走你的用户。

另外，图片素材搜集的技巧是"主体配色一致"，即图片素材中的主体内容和主色调与 banner 的文本主题一致。比如，草垛、金色的田野代表着丰收，飞舞的蒲公英、绿色的草地代表着希望和美好向往。

图 3.15　素材的情感主题

图文布局

banner 的布局主要包括 5 种方式："两栏式""三栏式""上下式""组合式"和"纯文字"，其中最简单的布局形式是"两栏式"（图 3.16）——"左图右文"或"左文右图"。

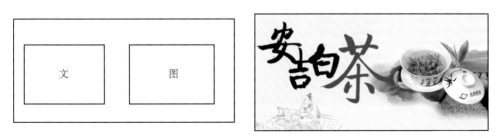

图 3.16　"两栏式" banner

"三栏式"（图 3.17）——"中间文字两边图"，banner 设计区域的中间位置是标题文字，两侧为辅助设计图片，比如产品或模特。

图片	文字	图片

图 3.17 "三栏式" banner

"上下式"（图 3.18）——"上面文字下面图"，banner 设计区域的上部是标题文字，下部为辅助设计图片，比如产品或模特。

文字
图片

图 3.18 "上下式" banner

"组合式"（图 3.19），包括两个版本：T 型和 H 型。"组合式"的 banner 布局方法一般用于客户提供模特素材的情况下，并且模特的动作倾向对受众具有引导作用。

模特	文字	模特
	产品图	

图 3.19 "组合式" banner

"纯文本式"（图 3.20），由文本和背景组成，没有过多的辅助图片素材，最多添加一些小的装饰元素，因此对于文本排版和字体设计要求较高。

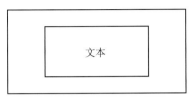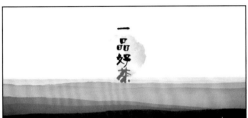

图 3.20　"纯文本式"banner

以上就是 banner 图文布局的 5 种方式，在一个网站作品中，我们应该根据要求灵活运用这 5 种布局方式。另外，banner 中的文字排列方式可以结合上文提到的排版的四个原则进行设计，根据情况微调 banner 的整体布局。

文字设计

首先，选择一种图文布局方式，比如基本款"两栏式"，文案放在左侧区域，与主题相符的铁观音产品图片放在右侧区域。接下来，进入文字设计环节，主要包括 5 个流程：字体的大小和颜色；字体的排列组合；不同字体的混搭；中英文字体的混搭；文字的倾斜与斜切。

图 3.21　基础文本

（1）字体的大小和颜色。根据文本中内容的重要级别赋予文字相应的大小和颜色，其方法类似于上文网站视觉设计方法中第二节排版一节中的信息理解和提取。

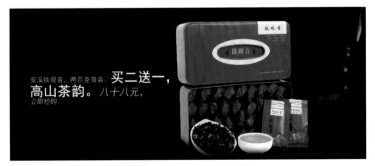

图 3.22　文本大小排版

（2）字体的排列组合。根据文本内容，将相关联的内容放置在画面物理位置相近的区域，并通过空间上间隔的视觉体验模拟标点符号的断句效果，提高文本可读性。

图 3.23　文本色彩排版

（3）不同字体之间的混搭。可使文字形式多变，同时，解决字体单一乏味的问题，增强受众阅读趣味性和节奏感。

图 3.24　文本字体排版

（4）中英文字体的混搭。特别是对于文字的英文处理能够很大程度上提高可读性。另外，可以给文字中的交互控件加上小的装饰，让其看上去像个按钮，吸引受众点击参与，提高点击率。

图 3.25　文本字体样式排版

（5）文字的倾斜与斜切。普通的文字排列平平稳稳，方正有矩，我们可以用倾斜或者斜切打破这种"稳定的构图"，让画面更有动感和层次感。如图 3.25 文本中"￥88.0 立即抢购"用了斜体，向右倾向，按钮放置在文本右下方，符合用户从左往右、从上往下的阅读习惯。用户阅读完所有文字后可点击按钮查看详情。

以上就是 banner 文字设计的基本方法和流程，在设计过程中还应该注意根据设计主题选择相应的文字效果和字体，比如对于端午、中秋等中国传统节日，一般选择与其相匹配的中国风字体元素，如毛笔字；对于开学、毕业季等主题，一般选择涂鸦风格字体，如粉笔字、铅笔字等，配合黑板或书本等图片素材加以设计。

综上所述，banner 设计的基本方法和流程包括三个大环节：素材搜集处理、图文布局、文字设计，每个环节内部包括相应的流程和技巧，希望读者能够熟练掌握并运用到你的作品中。

（四）导航

网站导航就是一个网站各栏目的快速通道，导航的类型可以根据交互样式分为 6 类，包括分步导航、分页导航、面包屑、网站地图、Tab 式导航和垂直菜单。

导航分类

分步导航：通常由文字标签和箭头组成，也要伴随着向后退的链接。适用于环环相扣的页面流程，如向导、支付、在线阅读等，为一个接一个的页面提供访问。比如，我们在注册某个网站的用户名或密码时，整个过程一般通过分步导航引导完成。

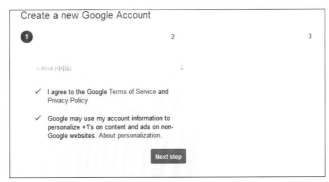

图 3.26　分步导航

分页导航：经常出现在搜索页中，一次可展现的结果数目通常有限制，超出限制的结果将在新页面展现。最简单的分页导航就是带页码的分步导航。

图 3.27　分页导航

面包屑：展示了用户访问网站的路线，由一大串的元素和节点组成。每个节点都与指向先前访问过的页面或父级主题相连，节点间以符号分隔，通常是大于号（＞）、冒号（：）或者竖线（｜）。

图 3.28　"面包屑"导航

网站地图：为网站提供自顶向下的迅速总览，适用于有大量内容和广泛用户群体的网站。因此应该设计得比较简单且易于扫视。页脚网站地图是现今大中型网站采用的方式，把网站地图一部分显示在页面底部，同时包含一个指向完整地图的链接。

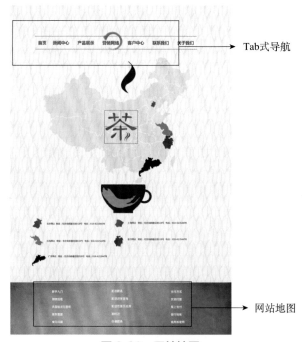

图 3.29　网站地图

Tab 式导航：是我们着重需要掌握的导航类型，由导航条和文字构成。导航条最简单的形式就是把超链接连成一行，有时用竖线分隔开来。而 Tab 式导航将 Tab 控件结合到导航条上，使得网站内容结构化、多重化。

图 3.30 Tab 式导航

垂直菜单：通常置于网站的左边或者右边的一列链接。垂直菜单较横向的导航更灵活，易于向下扩展，且允许的标签长度较长。由于垂直导航对于展示区域的横向尺寸要求较小，所以成为移动端导航设计的新宠。

图 3.31 垂直菜单导航

导航设计

导航设计部分主要讲解微质感 Tab 式导航的设计方法。第一次采用顶部固定 Tab 式导航的是苹果公司 2000 年的官网，Apple 红色 logo 巧妙地作为 home 主页标识融于导航，横向 Tab 式二级导航，白色玻璃质感的导航视觉样式，由此 Tab 式导航风靡互联网界。

图 3.32 首个 Tab 式导航

Tab 式导航主要由两部分构成：图形和文字。那么在设计过程中主要解决两个问题：图形的形状和样式；文字的样式。Tab 式导航的风格主要包括三种：拟物、扁平和微质，当下用户的审美倾向更趋于微质风格，这是一种介于拟物和扁平之间的设计风格，弱化拟物风格的光影效果，同时保留设计的光影层次。在设计过程中，主要通过调整形状和文字的 10 种图层样式达到微质效果。由于弱化了事物感，因此微质风格导航很少用到图层样式中的图案叠加样式，主要通过其他种样式完成效果，常用的是鞋面浮雕、描边、内阴影、渐变叠加和投影，大家可以根据需要的效果进行调整。在微质感基础上增加图案叠加相应的材质，并细致地调整光影渐变参数得到拟物风格导航；在微质感基础上减少其他样式，仅仅保留颜色叠加样式得到扁平风格导航。

图 3.33　导航设计风格

（五）栏目

网页中的栏目其实质就是多个内容块，那么如何做好栏目排版？主要有三种方式："黄金分割""三分法"以及"960 栅格法"。

黄金分割（图 3.34），顾名思义，是将网页竖版按照黄金比例分为两大块。

三分法，类似于摄影构图中的"九宫格"（图 3.35），将网页竖版和横版分别分为三等分。

"960 栅格法"（图 3.36）是最常用的栏目内容块布局方法，960 网格系统就是把页面的宽度设为 960 像素，然后把它分割成 12、16、24 栏的栅格。栏与栏之间空出 20 像素的间隔。

以上介绍了传统 PC 端网页 GUI 设计流程和方法，在实践中，设计师需要根据客户需求注意一些设计细节，比如设计尺寸、分辨率、栏目重要排序等，网页设计尺寸主体内容一般控制在 950—1400 像素；分辨率一般为 72—90px；栏目中内

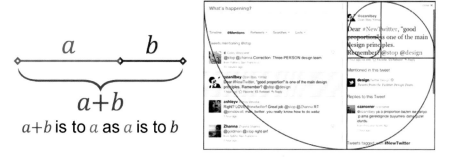

图 3.34　"黄金分割"栏目排版

图 3.35　"九宫格"栏目排版

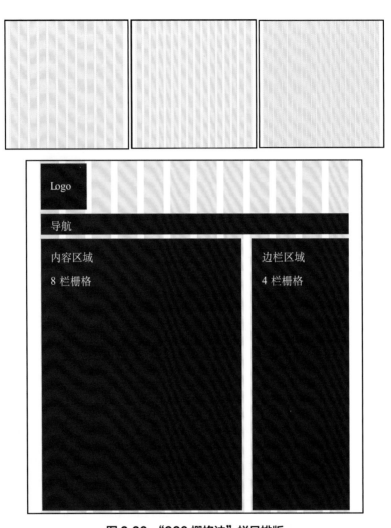

图 3.36　"960 栅格法"栏目排版

容块的重要级排序根据客户需求而定，并按照 F 型用户浏览习惯放置。建议初学者试着完成"一品好茶"案例的网站整体效果图，在设计过程中反复思考上文中提到的设计原则和方法，并灵活运用到你的作品中。

（六）"一品好茶"网站整体效果图

1. 版本一

图 3.37 网站整体效果图（a）

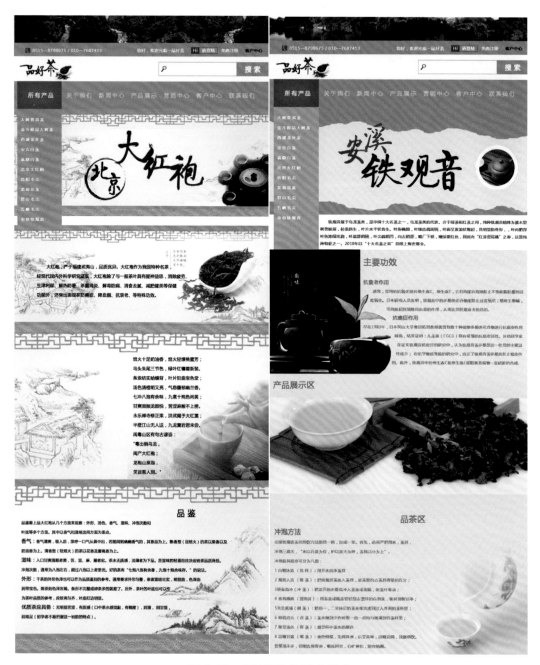

图 3.38　网站整体效果图（b）

2. 版本二

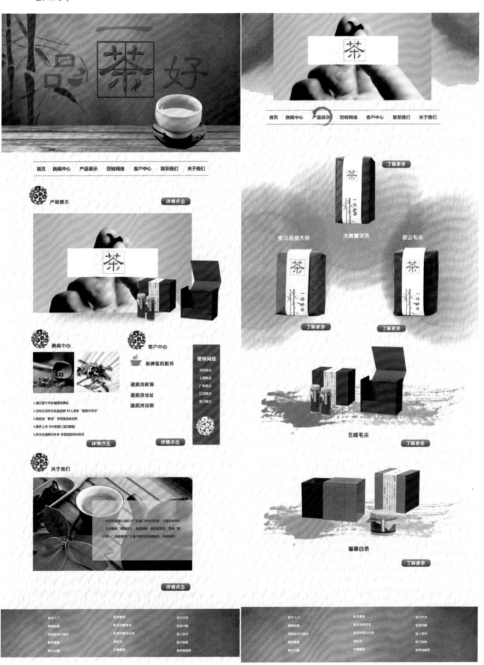

图 3.39 网站整体效果图（a）

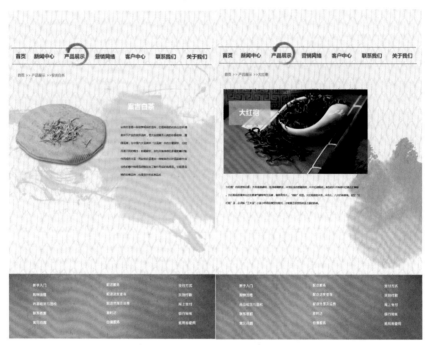

图 3.40 网站整体效果图（b）

3. 版本三

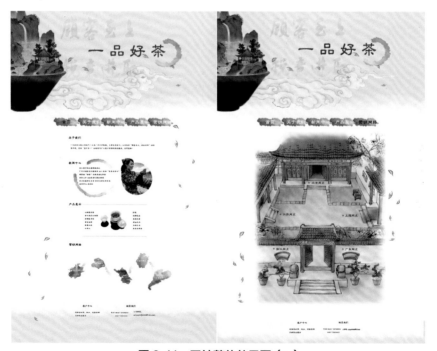

图 3.41 网站整体效果图（a）

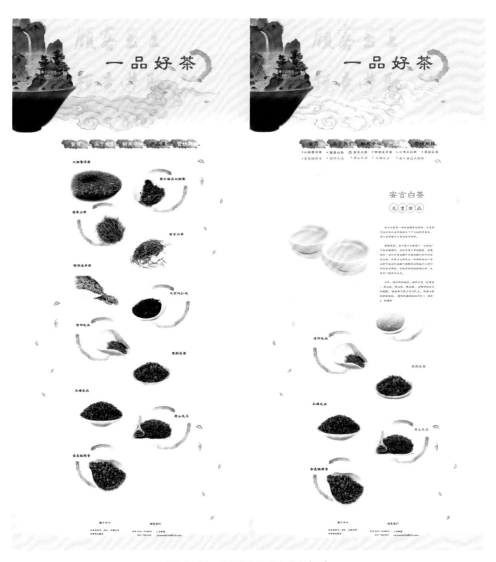

图 3.42　网站整体效果图（b）

本节给出几款"一品好茶"的基本设计效果图，为初学者提供参考。要想成为一名合格的网页 GUI 设计师，除了要掌握基本的网页设计方法，比如布局、色彩搭配、各要素设计原则等，还要多练习多思考，形成自己的设计套路！

四、网站效果实现

网站建设一般包括以下三个步骤：（1）购买域名及服务器或服务器空间。（2）构建网站。（3）上传网站资源。由于本书侧重于讲解网页设计与制作方法，因此我们将以上文中的"一品好茶"（版本一）（图3.37）设计为例，着重介绍如何在个人电脑上制作网页，并且侧重于与读者分享制作过程中的一些技巧与经验，详细的编码过程将不予罗列。对（1）（3）两个步骤感兴趣的读者可以通过阅读专门的网站构建书籍来进行学习。

（一）网站逻辑架构

拿到设计图后，我们首先要明确网站的整个逻辑架构，逻辑框架的作用是帮助编码人员明晰整个网站的信息架构，从而提高编码效率。结合上文的需求分析以及主导航栏提示，我们知道"一品好茶"整个网站主要由七个子页面组成，包括首页（所有产品页、关于我们页、新闻中心页、产品展示页、营销中心页、客户中心页及联系我们页）。头部导航栏中还有登录和注册按钮对应的两个输入对话框需要制作。

图3.43 导航栏与头部导航

同时每一个子页面中又有指向其他页面或首页的链接和按钮，因此网站的逻辑架构应该如图3.44，其中不同颜色代表不同类型的页面，需要单独制作。从逻辑架构图可以看出需要单独制作的页面有三类：展示类页面、信息类页面和功能页面。明确这一点我们就可以在编写页面时分类制作，这样可以提高效率。

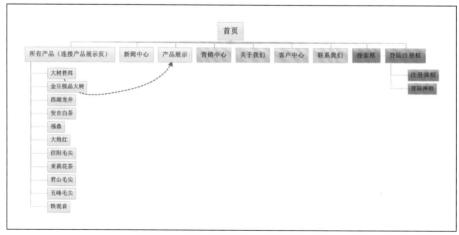

图3.44 "一品好茶"网站逻辑架构

（二）网页布局与元素功能分析

逻辑框架明确后，便开始分类制作页面。在编码制作网页前，有经验的设计师会分析网页的布局与元素，然后结合网站运行效率提前确定将要使用的 HTML 标签。

在 Photoshop 中对"一品好茶"首页进行布局色块化处理后，得出粗略的布局图 1（图 3.45 左），将该布局图细化并结合 HTML 标签后得出反映嵌套关系的布局图 2（图 3.45 右），在实际网页制作过程中，我们将参考布局图 2 来进行编码。

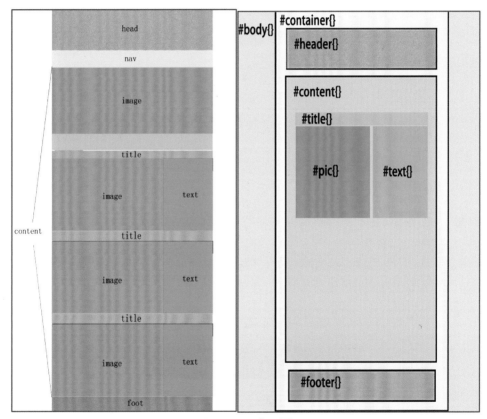

图 3.45　布局图

从设计图和布局图可以看出，首页分为头部、内容与足部三个部分，且三个部分呈水平居中显示。从网页元素来看，头部的元素有图片、文字、链接和输入框；内容部分包含的元素有链表、图片、文字、标题等；尾部则为版权信息文字。因此可能用到的 HTML 标签见表 3.1 所示：

表 3.1　HTML 标签

标签	含义	用法
\<html\>\</html\>		定义整个文档
\<head\>\</head\>	头部标签	定义页面的名称、引用及 meta 信息等
\<body\>\</body\>	主体标签	包含主体部分内容
\<div\>\</div\>	用于分组 HTML 元素的块级元素	置于其他元素外层，可用于创建多列布局，便于整体调节位置
\<h1\>\</h1\>,\<h2\>\</h2\>……	标题标签	做标题
\<img/\>	空标签	配合源属性（src），语法为 \<img src="url" /\> 来引用图片
\<input /\>		
\<p\>\</p\>	段落标签	用于输入大段文字段落
\<ul\>\</ul\>\<li\>\</li\>	无序列表标签	构建导航等列表

（三）网页框架与样式编写

1. HTML 文档框架

基础标签确定后，我们便可以在 Dream Weaver（以下简称"DW"）中进行页面框架搭建，先搭建框架有利于明晰网页结构，便于后期细化，增加代码可读性。具体步骤为：（1）在 DW 中新建一个 HTML 页面；（2）修改 head 标签中的相关内容；（3）根据上文分析搭建网页框架。流程如图 3.46。

图 3.46　新建一个 HTML 页面

```
<!DOCTYPE html PUBLIC "-//W3C//DTD XHTML 1.0 Transitional//EN" "http://www.w3.org/TR/xhtml1/DTD/xhtml1-transitional.dtd">
<html xmlns="http://www.w3.org/1999/xhtml">
<head>
<meta http-equiv="Content-Type" content="text/html; charset=utf-8" />
<title>一品茶叶</title>
<link href="css/style.css" rel="stylesheet" type="text/css" />
</head>

<body>
    <div id="container">
        <div id="header">
            <div id="header_img"><img src="##" /></div><!--头部图片-->
            <div id="header_nav"></div><!--头部导航-->
            <div id="header_search"><input type="text" value="text" /><input type="button" value="搜索" /></div><!--搜索框-->
        </div><!--头部-->
        <div id="content">
            <div id="content_nav">
                <ul>
                    <li><a>所有产品</a></li>
                    <li><a>关于我们</a></li>
                    <li><a>新闻中心</a></li>
                    <li><a>产品展示</a></li>
                    <li><a>营销中心</a></li>
                    <li><a>客户中心</a></li>
                    <li><a>联系我们</a></li>
                </ul>
            </div><!--导航栏-->
            <div id="show_img"><img src="##"/>
                <p>展示介绍</p>
            </div><!--首页展示-->
            <div class="floor_show">
                <h2>1 楼</h2>
                <div id="floor_content">
                    <img src="##"/>
                    <p>产品介绍词</p>
                </div>
            </div><!--单层展示-->
        </div><!--内容-->
        <div id="footer"></div><!--足部-->
    </div><!--container-->
</body>
</html>
```

图 3.47　框架代码片段

Tips：为每一个 HTML 标签添加类（class）或 id 是为了在样式和后期与数据库关联时能够清楚识别每一个元素，至于选择类或 id 则视情况而定，id 一般对应于独一无二的元素，而类则可以归纳某一类元素，可以在多个标签内重复使用。与布局中的多层展示效果相似，就可以将其归为一类，这样就只需编写一次样式代码，在框架中用类名来调用样式。

代码编写过程中请养成代码缩进和注释的好习惯，这样能增加代码可读性。

2. CSS 样式技巧

框架确定后，便可以采用 CSS 层叠样式表来更改网页样式。此处我们将采用外链样式表的方式，方法是在 head 标签中添加代码 <link href="，你的 css 文件所在地址为 css" rel="stylesheet" type="text/css" />。外链样式表的优势在于网页加载时会分别读取 HTML 文档和样式文档，避免因为样式的复杂度而降低网页刷新速率。连接成功后，便可以在 CSS 文档中编写样式。

Tips：此处有一个小技巧，由于 HTML 的标签大多具有默认样式属性，所以每次编写样式时都要清除这些默认样式，建议将清除样式的代码保存于一个文档中，就不必每次编写，直接粘贴就好，图 3.48 为清除默认样式的 CSS 代码。

```
body,ul,ol,li,p,h1,h2,h3,h4,h5,h6,form,fieldset,table,td
,img,div,dl,dt,dd,input{
        margin:0;
        padding:0;
}
body{
font-size:12px;
}
img{
        border:none;
}
li{list-style:none;}
input,select,textarea{outline:none;}
textarea{resize:none;}
a{text-decoration:none;}

/*清浮动*/
.clearfix:after{content:"";display:block; clear:both;}
.clearfix{zoom:1;}
```

图 3.48　CSS 清除样式代码

　　HTML 的每个标签都带有自己的样式属性，包括宽高、颜色、字体等。在 CSS 中可以通过多种选择器来更改这些标签的样式属性。CSS 有派生选择器、id 选择器、类选择器和属性选择器四种选择器，表 3.2 为各选择器的用法示例，具体选择哪种选择器视使用场合和个人习惯而定，更多详细的选择器用法可以登录 W3C 网站查询。

表 3.2　CSS 选择器

选择器种类	样式	适用场合
派生选择器	ul strong{} 此处 strong 是 ul 的子元素，这样写可以直接修改 ul 下的 li 样式	当只想修改某一元素内的某种元素时
id 选择器	#id 名称 {}	修改特定 id 名称的元素时
类选择器	. 类名称 {}	修改某一类元素时
属性选择器	[属性名]{}	修改带有某一属性的所有元素时

　　"一品好茶"首页的样式主要可分为主体样式和细节样式两部分。主体样式为布局效果水平居中，可以更改布局 2 中的 #container 的 margin 属性，语法如图 3.49：

```
/*container*/
#container{
    margin:0 auto;
    width:1000px;

}
```

图 3.49　居中效果代码

细节样式包括每一个 div 及其各个元素的效果编写，此处举出导航条效果及一个展示框效果的样式编写示例。其他元素的细节样式编写可参考此两种效果。

3. 导航条样式

从导航条样式（图 3.50）可以看出，导航条中有 7 个指向单页的链接，其样式属性为：

（1）宽高：宽 963px，高 101px（宽高可以通过 PS 中的切片工具来测量），每一个链接宽 133px，且垂直居中显示，同时具有左右各 20px 的内边距。

（2）色彩：背景底色为 #98a87b，链接字体默认色彩为 #d7d7d7，鼠标滑过色彩为白色，同时鼠标滑过链接背景色变为 #6c7757。

（3）字体：微软雅黑 20px regular。

```
#content,#content_nav,#content_nav ul{
    width:100%;
}
#content_nav{
    height:101px;
    background-color:#98a87b;
}
#content_nav ul{
    height:101px;
    font:20px "微软雅黑";
    margin-left:16px;
    text-align:center;
}
#content_nav ul li{
    height:101px;
    width:93px;
    padding:0 20px;
    line-height:101px;
    float:left;
    color:#d7d7d7;
}
#content_nav ul li:hover,#content_nav ul li:active{
    color:#fff;
    background:#6c7757;
}
```

图 3.50　样式代码

代码 Tips：（1）列表 li 的文字居中：将 height 与 line-height 两行代码高度设置为与 ul 相同高度可实现。（2）由于 li 的宽度中分给了左右内边距共 40px，因此其 width 属性应该为 133px－40px=93px，这样才不会导致宽度溢出。

4. 展示框样式

展示框样式属性主要有：（1）标题部分色彩不同；（2）内容部分图片文字大小和位置的排列；（3）边框颜色及像素值。细节参见图 3.51 中的代码块。

左侧代码块：

```
/*product_floor show*/
.floor_show{
    width:100%;
    height:496px;
    font:"微软雅黑";
}
.floor_show h2{
    font:24px;
    color:#000;
}
.floor_show h2>a{
    color:#116536;
    padding-left:17px;
}
#floor_content{
    height:432px;
    border:1px solid #727272;
    border-top:7px solid #116536;
}

#dahongbao1{
    display:block;
    float:left;
    margin:0 72px;
}
```

右侧代码块：

```
#floor_content h3{
    width:192px;
    height:70px;
    float:right;
    background-color:#116536;
    font:20px;
    color:#fff;
    line-height:70px;
    text-align:center;
}
#floor_content p{
    font-size:14px;
    color:#116536;
    margin-top:27px;
    line-height:24px;
    text-indent:3em;
}
#dahongbao2{
    float:right;
    display:block;
    margin-top:22px;
}
```

图 3.51　展示框样式代码块

完成此展示块代码后，其他展示块的代码通过复制 floor_show 类的代码便可以实现。

在本地制作完网站后，把整个网站的资源包上传到服务器的指定文件夹便可以通过互联网访问网站了。

五、网页优化

（一）响应式设计

响应式网站设计的概念始于 2010 年，产生的原因是各类移动终端，尤其是手机和平板电脑的普遍使用。当用户用手机和平板电脑浏览原来在电脑屏幕上看到的页面时，如果页面没有做任何处理，那么页面体积大、兼容性差的缺点会马上让用户放弃这个请求[1]。

统计发现，常用的移动终端设备屏幕大小有 230 多种[2]，我们不可能为它们一一设计样式，因此，响应式网页设计的目的是：根据用户终端设备的屏幕大小、平台系统等因素对网页进行自动重新布局和功能设计，从而达到跨屏幕正常浏览的效果。

要实现网页的响应式设计，可通过在 HTML 文档的 head 标签中按如下方法设置 meta 标签：<meta name="viewport" content="width=device-width, initial- scale= 1.0, maximum-scale=1.0, user-scalable=no">。Viewport 属性可以控制手机浏览器的布局，将其放在一个虚拟的与手机屏幕宽度相等的"窗口"中。

接着需要修改的是定义样式的 css 文件，Media Query 是响应式网页设计的核心。可以使用 @Media screen and (max-with:1000px) and (min-width:800px){} 这样的语句区分在不同屏幕宽度下加载和使用的样式。

（二）高性能网页优化方法

由于网络带宽的局限，网页打开的速度会受到限制，这便要求我们在制作网页时对网页元素和代码进行优化，从而提高网页性能。

从设计师的角度来说，网页中图片清晰度与格式选择、HTML 及 CSS 代码的优化都是降低网页数据量的办法。相关的原则有：按需选择图片格式、减少 HTTP 请求、精简代码等。

1. 图片格式选择技巧

PS 中针对网页设计提供了切片并"存储为 Web 和设备所用格式"的功能，该

---

① 吴文种. 响应式动态网站建设的研究与应用 [J]. 福建电脑, 2015(1).

② 贾海陶. 浅谈响应式网页设计的意义 [J]. 魅力中国, 2013(25).

界面可以设定图片格式、品质和颜色等。一般网站常用的图片格式有 GIF、JPEG、PNG-8 和 PNG-24 四种，其中 GIF 和 PNG 格式具有透明度通道，GIF 图像的色彩表现力较差，通常用于制作页面中的装饰性小图片或动态图片；JPEG 的图片显示效果要优于 PNG 和 GIF，且压缩比大，通常用于表现色彩度和细节比较复杂的照片等；PNG 格式的图片支持的色彩要比 GIF 多，且占用体积小，适合于颜色数量少的图片，如 logo 等。

设计师在制作网页图片素材时应遵循图片特点选择适当格式，这对网页后期优化会有事半功倍的效果。

2. 降低响应时间的技术办法

用户通过域名访问某个网站时会对服务器产生 HTTP 请求，网页 HTML 文档中的每一个元素被 HTTP 解析之后下载到本地中，这就会产生响应时间。研究发现，在网络响应时间中，HTML 文档解析时间只占总响应时间的 10%～20%，而 80% 的最终用户响应时间花在页面中的组件上（图片、脚本、样式表、Flash、音视频等）[①]，但作为设计师显然不愿意通过牺牲界面效果来达到提高网站性能的方法，因此，如何从技术上缩短响应时间便显得很重要。

《高性能网站建设指南》中给出了四种减少 HTTP 请求的技术手段，包括图片地图、CSS Sprites、内联图片和脚本、样式表合并等。此处将为大家简单介绍几种方法，感兴趣的读者可深入阅读该书学习。

（1）图片地图：允许在一个图片上关联多个 URL，如果需要多个图片按钮指向多个网页，则可以将这些图片放在一个图片地图中，用坐标来指示单击的图片的位置，这样就能将多个 HTTP 请求降低为一个。

（2）CSS Sprites：与图片地图的思路类似，是指将多个图片合并在一个单独的图片中，并采用坐标来调用每个单一图片。

（3）内联图片：使用 data:URL 模式直接将图片数据保存在 URL 自身中，从而无需额外 HTTP 请求。

（4）合并脚本与样式：通常使用外部脚本和样式表对性能更有利，但将代码分开放到多个小文件中会降低性能，因为每个文件会产生一个额外的 HTTP 请求。将单独的文件合并到一个文件中能够减少 HTTP 请求数量。

---

① 桑德斯 . 高性能网站建设指南 [M]. 刘彦博，译 . 北京：电子工业出版社，2008.

第三节　移动H5专题页案例"视觉云"

"H5"是 HTML5 的简称，它通过微信社交平台得到快速推广，进入用户视野。本节聚焦于 H5 页面的视觉设计思路与方法，并结合"视觉云"案例对设计思路、方法和技巧进行实践和验证。H5 专题页设计的大致步骤与网页设计类似，主要包括定义产品、功能策划、视觉设计和功能开发。

"视觉云"专题页案例背景

"视觉云"是针对商业客户的视频展示需求的移动互联网云服务平台，移动 H5 专题页运行于微信平台，对"视觉云"项目进行宣传推广。

客户文案：

视觉云是针对商业客户的视频展示需求的移动互联网云服务平台。

优势：

1. 真高清（与腾讯视频、优酷土豆对比）：面向智能手机屏幕、网络条件和商业展示需求的真高清，MPEG-4 H.264 AVC 压缩技术，视频压缩码率：1024kbps，音频压缩码率：128kbps，视频播放帧率：25fps。

2. 广告（与腾讯视频、优酷土豆对比）：面向商业客户展示需求，完全无广告。

3. 访问统计及分析：超细粒度统计功能提供视频应用全景数据一览，更有时间、地域、用户属性等各种维度的组合分析，精准反馈视频发布效果。

4. H5 图文扩展：结合视频内容，利用 H5 图文交互技术扩展了页面功能，增强了视频传播的效果。

服务：

1. 移动视频剪辑——让您的视频更适合移动平台传播

2. 云端视频转码、存储及分发加速

3. H5 图文传播页定制

流程：

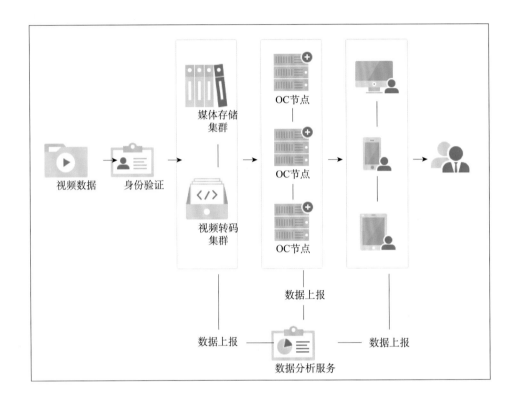

一、定义专题页

定义专题页的主要目的是确定其功能与目标。一般情况下 H5 专题页的功能与广告类似，主要包括活动推广、品牌宣传、新产品介绍和报告发布等，因此都具有一定的时效性和针对性，这一点与 PC 专题页的功能相似。"视觉云"的 H5 专题页的主要功能是产品介绍和品牌宣传，最终目的是阐释产品特性，并吸引用户消费使用。因此，"视觉云"的 H5 专题页设计需要解决的问题是：如何通过图文交互的方式介绍"视觉云"产品，并让用户愿意买单。

二、专题页功能策划

H5 专题页的功能策划目的是"设计一套合理的引导路线"，"视觉云"的 H5 专题页其实等同于该产品的微官网，因此，应该聚焦于产品功能介绍，展示产品特性和优势，吸引用户购买。由于专题页的广告特性，因此在内容表达上应该做到"功、简、易"——功：功效，最大可能地宣传商品；简：高度概括，精炼；易：易懂，强调可读性。

"功"是移动专题页的基本要求，根据客户需求文档，提取专题页的宣传板块，可分为：整体介绍、产品优势、服务种类和服务流程。"简"是主要针对客户文档进行内容提炼，把每一个板块的文字内容控制在移动端展示尺寸能够游刃有余地表现的范围内。"易"是合理排版所提取的文字内容（排版方法借鉴上一节中的排版四原则），并配合相应的图片进行解释，降低用户学习成本。综之，"功"是对客户需求文案的理解、分析；"简"是对需求文案的提炼；"易"是对需求文案的图文设计，至于图文设计的素材、配色、布局等方法，在 PC 端设计原则的基础上结合移动终端展示尺寸进行合理变化。

三、专题页视觉设计方法

在上一节专题页功能策划中已经完成"功、简、易"中"功"的部分，"视觉云"专题页分为整体介绍、产品优势、服务种类和服务流程四个部分，因此初步确定专题页一共分为四页。

第二个环节"简"，这个工作一般和客户一起讨论确定设计文本。"视觉云"这个领域属于数字媒体研究范围，可以根据自己的专业理解将需求文案提炼为以下内容：

整体介绍页面

视觉云，是针对商业客户视频展示需求的移动互联网云服务平台，版权属于水晶石数字科技股份有限公司。

产品优势页面

4 项核心优势，保证优质服务质量：真高清，手机终端商业展示需求的真高清，不同于大众娱乐要求的缩水高清；零广告，完全无广告，没有贴片广告和压标 logo；移动报表，超细粒度统计全景数据和各维度大数据分析精准反馈；H5 传播，提供扩展页面功能，并增强视频传播效果。

服务种类页面

3 项优质服务：移动视频剪辑，让您的视频更适合移动平台传播；云端视频处理，提高视频转码、存储及分发速度；H5 图文交互，让您的视频更适合移动平台传播。

服务流程页面

服务流程：用户注册上传相关视频参数；商业用户进行实名制身份认证；视觉云平台提取统计视频数据；移动报表分析、掌控一手应用数据；大数据支撑视频发布和精准营销。

服务电话：××××××××

"简"完成后，"易"是对"简"的图文设计，移动专题页设计是微信平台发展后的新兴网页形式，其作用与 PC 端专题页类似，同样具有时效性和针对性的特点，但设计上需要更多地考量终端尺寸带来的变化。H5 移动专题页"易"的设计流程：版式布局→文字排版→图形修饰→功能控件→背景渲染→交互动画。

（一）版式布局

"简"提炼客户文案为四页，每一页的内容包括文字和图形图像，通过版式设计将这两种类型的内容进行创造性组织安排。其基本方法类似于网页 banner 的布局方法，包括"两栏式""三栏式""上下式""组合式"和"纯文字"。由于本章第二节网站视觉设计方法 banner 中的布局已经详细讲述过每种方式的图文排版技巧，此处不再赘述。

（二）文字排版

文字排版可以借鉴网站设计中的排版"四原则"——紧密、对齐、重复、对比。在此基础上，为大家介绍平面设计中的经典排版方式"网格系统"，即将页面中的一切视觉表达元素，包括标题、图形、插图、一般性文字等按照统一的版面分割网格进行排列。这种设计方式的优点在于理性、规范和统一，适合新手设计师使用，避免杂乱无章并自以为"天马行空"地排列页面元素。

"网格系统"是指在版面设计中借以隐藏网格（制图软件中的参考线）辅助排列实体的设计元素，主要包括四种版面分割形式：中轴线、放射线、中心扩散型和矩阵分割。

1. 中轴线

中轴线是指用参考线作为版面设置的骨架，进行版面分割，主要包括垂直轴线、斜切轴线、折线和弧线。图 3.52 中灰色带状图形区域代表文字填入区，线条空白部分是背景和图形图像修饰区。图 3.52 分别是垂直轴线、斜切轴线、折线和弧线的四个版面分割形式的案例。

2. 放射线

放射型的版面设置方式是由一个中心点向四周扩散无形的线条，整个版面构成一个看似放射形状的网格系统，根据网格的组成线条类型，分为直线放射、弧线放射，如图 3.53 所示。

3. 中心扩散型

中心扩散型版面构成顾名思义是指从一点出发不断向外画圈，文字和图形安排

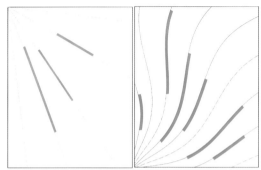

图 3.53　放射线文字排版

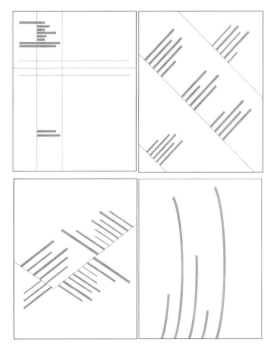

图 3.52　中轴线文字排版

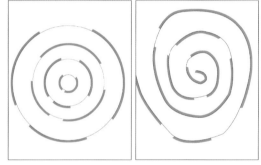

图 3.54　中心扩散型文字排版

排在弧线上构成同心圆向外扩散的感觉。

　　中心扩散型版面的构成形式适合运用于单个主题内容页面，一般运用于首页中的产品和品牌介绍页。结合"视觉云"文案要求，首页文字排版布局如图 3.55 所示，从螺旋式中心扩散形式发展而来。主要为避免文字以环状方式呈现的视觉感受不严肃，对于品牌和产品宣传没有说服力。另外，页面中文字的大小和位置与文案中内容的重要程度对应，具体技巧在网页设计的 banner 文字设计中有详细解释。

图 3.55　中心扩散型文字排版案例

4. 矩阵分割

矩阵分割也称为块状分割，通过水平和垂直线条的交织进行版面分割，使画面更具有组织性。

矩阵分割是最经典的"网格系统"，将其应用于"视觉云"移动专题页的"产品优势"和"服务种类"页面设计中，文字与版面设计如图 3.56 所示。

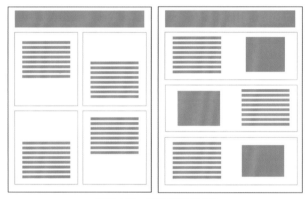

图 3.56　矩阵分割版面

（三）图形修饰

所有的设计，从本质上来讲都是图文设计，图片辅助文字表达品牌价值和产品的主要功能，那么应该从色彩、主题、情节等方面综合考虑选定图片素材。比如，

图 3.57　图形修饰首页系列

对于"视觉云"移动专题页来讲，图片素材的选择应该与"数字科技"这个主题贴切，体现其为具有科技感的云服务平台。因此，可以选择光晕、光纤、数据线、云计算等图形图像素材。

（四）功能控件

功能控件是移动专题页中用于用户操作的交互按钮，比如返回、下一页等。我们需要强调一点，在苹果的 apple design 和谷歌的 material design 守则中，已经有既定的原生控件。我们在设计过程中，尽量避免对这些原生控件的再设计，原因主要有两点：一方面减少作品的程序成本，另一方面减少用户的学习成本。

图 3.58　添加功能控件

四、"视觉云"H5 移动专题页效果图

图 3.59　H5 页面最终效果图

五、专题页实现

　　H5 专题页的实现方法有两种，一种是仿照 HTML 页面开发模式，基于 HTML5 语言来开发，另一种则是利用我们在本章第一节中介绍的已有工具来开发。大多数 H5 开发工具实际上已经能够满足普通的专题页 H5 效果，且制作过程简单易学，感

图 3.60　首页布局图

兴趣的读者可以参照本章第一节中介绍的工具网址去学习制作。这里我们将针对上文提到的案例，运用 HTML5 和 CSS3 语言以及 JavaScript 框架来为大家介绍专题页实现的方法。由于整个案例有四个页面，而 HTML5 开发细节较为繁琐，此处篇幅有限，无法一一为读者解读，我们将以专题页首页为例，为大家介绍 H5 专题页实现的核心方法、简单交互和注意事项，后续复杂的交互则需要读者深入学习专门的 H5 开发书籍，如唐俊开所著的《HTML5 移动 Web 开发指南》以及 O'REILLY 出版的一系列 H5 书籍等方能掌握。

（一）专题页布局及元素分析

从首页的平面设计图可以确定首页的布局为"上下布局"，且所有元素都居中显示。包括的元素有：（1）背景，（2）标题，（3）logo 版权，（4）下滑按钮，其中下滑按钮在每个页面都有，因此属于独立于主题的绝对布局。

样式上，背景图的样式较为复杂，为防止失真，因此采用表现丰富的 JPEG 图片来做背景。标题字体的效果比较丰富，初学者可以采用图片的形式来加载，也可以尝试用 CSS 编写，但对样式太过复杂的字体，CSS 编写的过程可能会很复杂从而造成代码量过多，读者可根据具体项目来选择编写方法。logo 部分和下滑按钮样式都较为简单，logo 部分我们将采用 CSS 方法编写，下滑按钮采用 PNG 图片加载。

交互，首页的交互主要为下滑按钮的触碰效果，可用 CSS3 的自定义动画实现。

（二）专题页框架和样式实现

1. 框架实现

布局确定后，便可以开始编码实现框架和相关样式，H5 页面的框架和 HTML 页面类似，但头部申明改为 H5 特有的 <!doctype html>。针对移动设备的 H5 专题页开发还应该对页面的宽度做自适应调节，此处应该在 meta 标签中编写移动设备代码，具体代码如图 3.61。

```
<meta name="viewport" content="width=device-width,initial-scale=1,user-scalable=no" />
```

图 3.61　宽度自适应代码

H5 根据网页中的各个模块的功能新定义了许多标签，包括文章标签、内容之外的标签、导航标签、局部内容标签等。这些标签在布局中可以取代 div 标签，从而帮助设计人员更清楚地看出代码的指代内容。

```html
<body>
<div id="content">
    <ul id="content_wrap">
        <li>
            <section id="header">
                <h2>针对商业客户</h2>
                <p>视频展示需求</p>
                <img src="images/crystal.png" alt="水晶石视觉云" height="95"/>
                <h2 id="h2_2">移动互联网<b>云服务</b>平台</h2>
            </section>
            <section id="footer">
                <div id="logo">
                    <img src="images/2_04.png" alt="logo" width="60" height="53"/>

                </div>
                <span id="fenge"></span>
                <div id="right">

                    水晶石数字科技股份有限公司<br />Crystal Digital Technology Co., Ltd
                </div>
            </section>
        </li>
        <li>页面二</li>
        <li>页面三</li>
        <li>页面四</li>
    </ul>
    <div class="button">
        <img src="images/2_03.png" width=100%/><!--162/1242=.13-->
    </div>
</div>
```

图 3.62　首页框架的 H5 代码

因为整个专题页由四个子页面组成，因此我们选择用一个无序列表 ul 来建立四个块级元素 li，每个 li 标识一个专题页。在每个专题页内的内容用局部内容标签 <section> 隔开。

2. 样式实现

首页样式除一些基本布局样式外，还有字体、版权部分的背景样式，我们将使用 CSS 样式表来编写。上文提到如果标题的样式不是特别复杂，推荐使用 CSS 自定义字体样式，但如果样式过于复杂则可以采用图片来加载，只是图片带有透明度信息，可能会遇上一些老版本的浏览器不兼容的问题。具体的样式代码如图 3.63－3.66。

```css
body,ul,ol,li,p,h1,h2,h3,h4,h5,h6,form,fieldset,table,td,img,div,dl,dt,dd,input,button{
    margin:0;
    padding:0;
}
html,body{
    height:100%;
    font-size:14px;
}
img,button{
    border: none;
    margin-top: 10%;
}

li{list-style:none;}
#content{
    height: 100%;
    width: 100%;
    top: 1px;
    left: -6px;
    position:absolute;
}
#content_wrap{
    width:100%;
    height:100%;
    overflow:hidden;
    position:relative;
}
#content_wrap li{
    color: white;
    float: left;
    width: 100%;
    height: 100%;
    background: url(images/bg.jpg) 0 no-repeat;
    background-size:100%;
    position:relative;
}
```

图 3.63　基础样式

```
.button{
    position:absolute;
    left:45%;
    bottom:0;
    width:13%;
}
```

图 3.64　按钮样式

```
#header{
    margin:30% auto 0 auto;
    font-style:italic;
    width:90%;
    text-align:center;
}
#header>img{
    margin-top:0;
}
section>h2,#h2_2,section p,section b{
        -webkit-transform:rotate(-10deg);
}
section>h2{
    color:#fdf196;
    font-size:200%;
}
#h2_2{
    font-size:130%;
}
section>h1{
    color:#6e92a1;
    font-size:400%;
    line-height:150%;
}
section p{
    color:#fdf196;
    font-size:130%;
    font-weight:bold;
    text-indent:6em;
}
```

图 3.65　上部分样式

```
#footer{
    width:70%;
    height:10%;
    margin:40% auto 0 auto;
    background:rgba(204,204,204,.5);
}
#fenge{
    display:block;
    width:1.5%;
    float:left;
    height:80%;
    background:#fff;
    margin:3% 3% 0 0;
}
#logo{
    width:20%;
    float:left;
    line-height:100%;
    height:100%;
    padding:0 0 0 5%
}
#right{
width:70%;
color:#fff;
font-size:100%;
line-height:200%;
padding-top:2%;
height:94%;
float:left;
}
```

图 3.66　下部分样式

Tips：在设置整个内容区域及各元素的宽度和高度时，应尽量采用百分比的算法，这样有利于遇到不同尺寸的移动设备时，页面能保持各元素的正常显示。

同时由于下滑按钮是绝对布局，添加属性后，应该在其父级元素添加 position:relative 属性。

（三）交互效果实现

1. 按钮交互

首页的交互效果主要是下滑按钮在手指点击时有一个向上运动并淡出的效果，这一效果可以应用 CSS3 中的关键帧动画效果 @keyframes 规则。具体方法如图 3.67：

```
@keyframes myfirst
{
from {bottom:0;opacity:1;}
to {bottom: 30px;opacity:0;}
}
@-webkit-keyframes myfirst
{
from {bottom:0;opacity:1;}
to {bottom: 30px;opacity:0;}
}
.button:hover{
    animation:myfirst 0.2s;
    -moz-animation: myfirst 0.2s;      /* Firefox */
-webkit-animation: myfirst 0.2s;       /* Safari 和 Chrome */
-o-animation: myfirst 0.2s; /* Opera */
}
```

图 3.67 Button 的闪动效果实现

其中，from{} 中写的是动画开始时的样式，to{} 指动画结束时的状态。完成 @keyframes 的定义后便可以在 animation 属性中对该动画进行调用。这里需要注意不同浏览器的兼容性。

2. 翻页效果

翻页效果可以利用 JavaScript 框架原生的编写，也可以利用 JavaScript 扩展库 jQuery 中的函数来写。此处我们将使用 jQuery 框架中的 animate 函数，并结合按钮的 click 方法来实现翻页效果。

要使用 jQuery 首先需要在头部对 jQuery 库进行引用，添加代码为：

```
<script src="http://libs.baidu.com/jquery/1.9.1/jquery.min.js"></script>
```

具体的滑动代码添加在 body 标签内：

```
<script type="text/javascript">
    var container=$("#content");
            // 获取第一个子节点
        var element=container.find("ul");

        // 获取容器尺寸
        var height = container.height();
        var h=height*3;
        // 绑定一个事件，触发通过
    $(".button").click(function() {
            //
        var x=element.offset();
<!--            $('#log').text(x.top+h);-->

        if(x.top+h<=1)
        {}else{

            element.animate({bottom:'+=100%'});
        }
    });

</script>
```

图 3.68 翻页效果代码

其中需要注意的是，在 animate 前有一个判断函数，此函数的目的是用于判断是否滑到最后一页，如果滑到最后一页则不再执行 animate 函数。

余下的页面制作方法基本参照上文提到的框架＋样式＋交互方法，实现的函数和方法都不是唯一的，读者可以根据自己的习惯选择擅长的方式来实现。对性能要求比较高的读者，也可以查看更多 H5 编程的优化方法，来实现体验更好的 H5 页面。

制作完成后，可以在微信官网申请公众账号，将你的 H5 页面内容或链接通过公众号进行发布。

第四节　原生应用（App）案例"花谱"

"花谱" App 案例背景

"花谱"是一款旅游移动应用，为驴友提供旅游攻略、车票酒店预订以及联系当地导游等服务。

一、分析 App 用户需求

App 的整体把握，即产品定义，主要从用户需求出发，也就是指这一网站或 App 要解决哪一类用户的什么问题。

这款"花谱"App 主要解决的是游客的攻略查找、各类预订和聘请导游等问题。

一切数字产品的功能都是对于现实社会用户需求的虚拟化。用户的需求决定产品的功能和逻辑，用户的审美爱好决定产品的视觉设计关键词。

前期的用户研究决定了产品的主要功能，如何将这些需求整合为一个具有逻辑性的产品整体，需要借助于三个工具图：结构图、线框图和流程图。

二、App 功能策划——"三图"在 App 策划中的运用

手机应用策划中"三图"是常用的策划工具，在快捷开发中"流程线框图"最为常用，即将整个产品的页面操作流程和每页功能原型体现在一张图中（如图 3.69 所示）。

图 3.69　流程线框图

　　根据用户需求进行分析，结合现实世界驴友的实际需求和产品的功能设定，"花谱"的流程线框图经过反复迭代，如图 3.70 所示。

三、App 视觉设计方法

（一）原生应用各要素分析

1. 图标

　　原生应用图标包括两类：启动图标和功能图标。启动图标是指呈现在手机主页上的应用的使用入口，也是产品的 logo，因此应该注重对产品品牌或主要功用的表达，比如亚马逊购物 App 的启动图标是 amazon 和购物车的组合，充分体现了品牌"亚马逊"和该产品的主要功能"购物"；Instagram 的启动图标是一个标有"insta"品牌的相机，表示这个应用的主要功能是与照相相关的；YouTube 的启动图标是播放按钮和"YouTube"字母的结合，同样体现的是品牌和产品主要功能的结合。

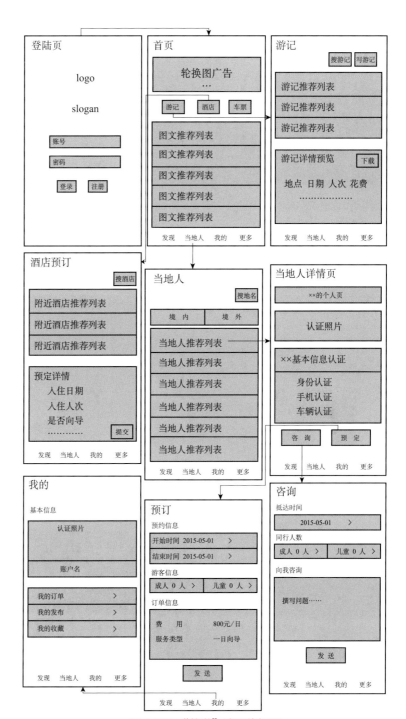

图 3.70 "花谱"流程线框图

图 3.71　商业图标案例

功能图标是应用中对辅助文字的图形设计，比如底部导航的图标设计就是最常见的一种功能图标，因此功能图标的图形图像一定要和文字有相关度。"花谱"的底部导航包括"发现""当地人""我的"和"更多"四个按钮，"发现"的暗喻图形有放大镜、眼镜、探测器等；"当地人"的暗喻图形并没有约定俗成，大家可以根据文本进行联想，比如人的一些典型标识"胡须"，或者土著草裙等；"我的"的暗喻图形一般是一个中景人像，但为了增添趣味性可以用"指纹"来表示，因为指纹具有隐私性——只是我的；"更多"的暗喻图形一般是栏目点线图形，这里用多层叠纸表示还有很多的意思。如此，底部导航的功能图标设计完成。当然在一款应用中包含很多功能图标，比如用户名、密码、搜索、记录等意义的功能图标是大多数应用都会用到的，建议设计者平时下意识地积累多种风格和主题的功能图标，以提高设计效率。此外，图标色彩的饱和度越高，用户越容易识别，并且相较色彩比较复杂多变的图标，图标颜色种类越少越能降低用户认知难度，从而提升注意力。如果要选择多种配色以提高界面美观度，也应该根据人眼识别色彩的敏感度和色彩诱目的规律来排列色彩，从而减少用户注意力的分散，有效引导用户注意力。

图 3.72　功能图标

2. 引导页

引导页是产品启动后，进入产品主功能前的"图文说明书"，主要用于介绍产品的主要功能。引导页设计要求简单易懂，切记降低用户的学习成本。对于

"花谱"，它的主要功能有游记攻略、酒店车票预订和一个特色服务——当地向导。因此，"花谱"的引导页由三页构成，每一页表达一个功能，设计稿如图 3.73 所示。

看攻略　　　　　　　　定行程　　　　　　　　当地向导

图 3.73　引导页设计稿

3. 产品栏目

产品栏目一般包括滚动图和内容贴片，基本设计技巧和网页 banner 设计一致。这里需要强调，由于受手机屏幕尺寸限制，内容贴片尺寸都较小，内容标签的图文排版主要是"两栏式"，即"图片 + 文字介绍"模式，如图 3.74 中"老北京炸酱面"所示。但是，这种设计模式需要注意，图片和文字介绍两个模块往往会出现信息的重复，如图 3.74 中"海底捞火锅"所示，图片和文字信息中品牌信息重复出现，冗余文字增加了用户的认知负荷。

图 3.74　"两栏式"贴片设计

（二）整体应用效果图

1. 引导页

2. 登录页 + 首页（主要旅游信息呈现）

3.预订当地＋我的主页＋缺省页

四、应用效果实现

从产品设计分析得知，"花谱"应用是一个旅游资源集成应用，其功能包括旅游资讯获取和旅游产品购买。旅游资讯页面的主要效果为图文介绍某地的旅游资讯，并具有搜索和筛选等功能，这便需要后台数据库的支持。而旅游产品购买等功能则需要接入运营商的接口。

本书重点是介绍设计方法，因此关于 App 后台开发细节将不会有过多篇幅进行介绍。后台数据库的编程开发是 App 功能可用的核心，其中也涉及数据库开发语言和结构，对开发感兴趣的读者可以通过 iOS 开发类书籍进行深入学习。

"花谱"应用页面效果实现过程：

1. 在 iOS 中新建工程

为你的应用命名并选择存储位置，根据页面的数量选择合适的页面模板。

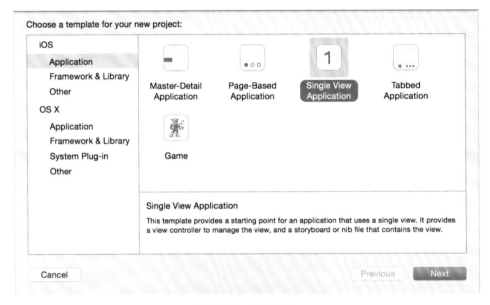

图 3.75　新建工程

2. 创建基本界面效果

打开创建工程导航界面中的 Storyboard，Xcode 会在界面设计面板打开 Storyboard，这时你便可以利用右下角的 Object Library 来创建你的界面效果了。例如"花谱"的登录界面，我们需要拖入两个文本框，便可以在组件搜索框区域键入 text field，然后拖入面板中即可。此处需要在文本框内加入占位符"手机号 / 会员名"和"密码"，并且为文本框添加背景图像，只需选中文本框并点击 Xcode 右侧的 Attributes inspector 便可以打开其属性界面进行修改。

页面的各个组件需要自动布局才会自适应各种尺寸屏幕的输出，因此需要选中面板中的组件后点击下方的 Auto Layout，可通过按钮菜单内的属性来更改元素相对面板的位置（ 昌 囲 싸 巴 ）。

图 3.76　Object Library

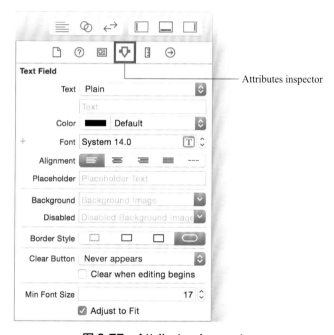

图 3.77　Attributes inspector

3. 页面切换效果实现

页面布局完成后，便开始实现各组件之间的基础功能和交互。交互效果可以在 storyboard 中实现。对于多页面的应用，一个 storyboard 会由多个视图构成，每个视图之间会有一个连接点 segue，可以选择 Xcode 提供的切换效果，也可以自定义切换效果。

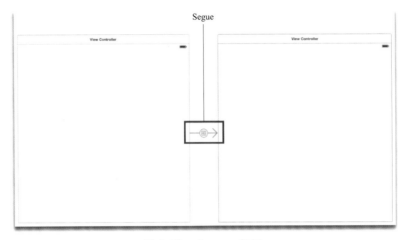

图 3.78　Segue 位置

4. 根据界面需求建立后台

　　由于"花谱"的旅游资源中的信息都是动态变化的，因此需要建立后台数据库来保存动态资源，从而可以实时更新界面中的旅游资源。在建立数据库时，需要明确的问题有：需要保存何种类型的数据？需要使用怎样的数据结构？如何建立数据库与界面的关联？根据"花谱"的功能分析，我们需要保存的数据有：用户密码等数字信息，景区介绍等文字字符串信息，还有图片等多媒体信息，可以根据这些数据编写数据模型，从而搭建好后台。

　　在建立数据库时，Object-C 语言提供了一些封装好的数据类型可供选用，也可以根据自己的需求自定义数据结构。为了保证你的应用能更好地在多种设备上兼容，不要将数据库与界面直接关联在一起，而是另外编写一个控制器来连接两者会更好。

第五节　高阶技巧——设计的力量

　　诺曼在《情感化设计》一书中提到产品设计的三个目标层次：本能水平设计、行为水平设计和反思水平设计[1]。本能水平设计指的是只满足了用户本能层面需求的

---

① 诺曼. 情感化设计 [M]. 付秋芳，程进三，译. 北京：电子工业出版社，2005.

设计，包括物品的外形和视觉表现，是最基本的设计目标；行为水平设计指物品的内在行为，包括功能，易懂性、可用性等；最高层是反思水平设计，即物品对人的思维、情感会产生影响和意义。网站和应用的设计最终都为了满足用户的需求，而界面视觉设计、交互体验、个性化和审美体验正好反映了这三个层次的设计目标。因此我们将会从三层次理论出发，来提供完善网站和应用设计的技巧，从而使设计更能打动人心。

一、界面要素的视觉传达效果

无论是网站还是移动应用，它们给用户的第一印象一定是界面的视觉效果，好的界面设计能够弥补产品的功能缺陷，甚至能够让产品在同类网站和应用中脱颖而出。因此，在界面设计上的考究无疑会对吸引用户起到关键作用。

（一）界面设计中的形状法则

形状是构成图形界面的重要元素，对形状表现的深入研究，可以给设计师提供参考，使其在创作时能够结合产品的定位与风格、目标用户等特点采用适当的形状元素来设计界面。

1. 形状作为边界

对于界面设计，形状的一个作用是界定元素的边界。网站应用追求的是用户信息获取效率的设计，界面元素的规范化不仅使界面看起来简洁大方，还能够帮助用户减少认知成本，快速获取想要的信息。因此，采用适当的形状作为统一边界能够给用户提供更好的体验。

例如，在界面按钮设计中，同一类按钮便可以使用同一类形状作为边界，这样可以帮助用户清楚识别某一类型的按钮，从而快速地学会应用的功能。如图 3.79 画板案例中，左图顶部的按钮图标没有清楚的边界，便容易给人一种排列的杂乱感，且没有将画纸与按钮分隔开，在实际操作中容易导致误触；而右图中增加了圆形按钮边缘及方形按钮栏，便将画纸与按钮界面隔开，更易于用户识别。

图 3.79　按钮边界设计

　　同时，为了使界面简单清晰，应避免在同一页面中使用过多种类的形状元素，因为形状越多，想要增强各形状间关联性的设计就越困难，初学者没有特别好的设计功底，往往会由于堆砌过多种类的元素而使界面看起来杂乱无章。因此，想要寻求变化的设计者可以使用同一类型的形状的多种变化形态，而尽量避免大量使用完全无关的形状。例如，网页中的瀑布流布局便使用了宽度一致、高度不同的方形元素作为每个标签内容的边界，并在标签排列间寻找差异性，从而既保证了网页元素的规整性，又添加了错落的视觉动感（图 3.80）。

图 3.80　瀑布流布局

2. 形状的表意

　　对只有二维表现的网站及应用界面而言，以往的设计执着于呈现图标与现实世界的强关联性，因此设计多是强调细节呈现的拟物表现（图 3.81）。

图 3.81　iOS 拟物化图标

　　而鲁道夫·阿恩海姆在《艺术与视知觉》中指出，人们在认识物体的形状时从来不是单独由该物体落在眼睛上的形象决定的，而是会将自身经验以及各种各样的概念与眼前的物体相结合而构成一个对物体的完整印象。因此，在后来流行的扁平化设计中，抛弃了对于界面元素细节与材质的过多刻画，而是将重心集中于形状与人们联想力的结合上。

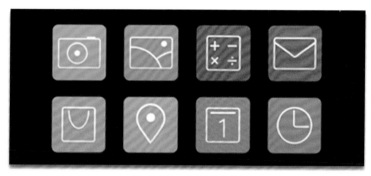

图3.82　扁平化图标

　　扁平化设计并非简单的"删繁就简"式设计，鲁道夫·阿恩海姆认为艺术的简化"往往具有对立于'简单'的另一种意思"，"当某件艺术品被誉为具有简化性时，人们总是指这件作品把丰富的意义和多样化的形式组织在一个统一结构中"，外在的"简单"实际上对应了内在细节的更加复杂化的思考[①]。这种观点在扁平化设计中同样适用，为了准确表达出元素的意义，扁平化设计更加需要考量人的认知特点和对形状、线条元素的经验性感受，从而使极简化的设计能够传递准确的信息。

　　对于各种形状所呈现出的视觉感受，平面设计的常识告诉我们，有棱角的形状会给人带来稳定固执的感觉，而曲线构成的形状则会给人以圆滑温和的视觉感受。在实际的设计过程中，设计师需要根据不同的用户需求采用组合、分离、对称等设计技巧来把这些形状整合起来，从而达到某种品牌的视觉印象。例如，"一杯好茶"界面（图3.83、3.84）中的圆角标签的设计便是将方形与圆形进行融合，而使多个标签在排列整齐的同时又会给人一种友好的俏皮感，并且与标签图片中茶壶等圆形元素构成了对应关系，同时又能呼应茶道中"尚和"之价值核心[②]，这样的设计显然更符合品牌特色。

　　（二）色彩的暗示

　　对于具有功能性的网站应用而言，色彩的作用不仅仅是促进视觉艺术表现的多

---

① 阿恩海姆. 艺术与视知觉 [M]. 滕守尧，朱疆源，译. 四川：四川人民出版社，1998.

② 鲁鸣皋. 试析中国茶文化的人生价值观 [J]. 农业考古，2003（2）：29−33.

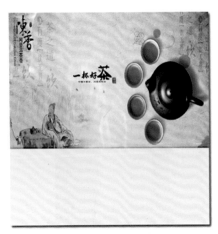

图 3.83　方形标签

图 3.84　圆角标签

样性，而同时应该照顾到用户体验的效果，好的设计更应该懂得利用色彩来潜在地引导用户。

1. 色彩情感

人会根据经验和结构构架来认识形状，这更类似于一种积极的理性反应，而对色彩的反应是一种被动性和经验性的感受，类似于情感经验[①]。大部分人的色彩经验是靠人的联想得到的，例如红色的刺激性来自血和火焰，绿色唤起对大自然的清新感觉。所以在使用色彩时，观察并了解人的普遍感知，才能做出让大部分用户都能产生共鸣的效果。例如"一品好茶"的网页配色使用绿色、棕色等易与自然产生关联的颜色，便容易引起用户对于茶叶的联想。

色彩影响人的感受还体现在色彩的冷暖效果上。色彩学上根据心理感受，把颜色分为暖色调（红、橙、黄）、冷色调（青、蓝）和中性色调（紫、绿、黑、灰、白）。顾名思义，暖色调给人热情温馨之感，冷色调给人冷静安全之感。值得一提的是，混合色中确定冷暖效果的是与基本色彩稍微偏离的那种色彩，也就是少量加入的那种色彩，如果是比例相同的混合色，则不能清楚显示出这种效果。

2. 协调配色的法则

对于网站应用等功能类产品，界面设计的重要性有时在于满足大多数用户的感官舒适度。协调的配色能够营造这种舒适度，因此在设计中掌握协调配色的法则能

---

① 阿恩海姆 . 艺术与视知觉 [M]. 滕守尧 , 朱疆源 , 译 . 四川 : 四川人民出版社 , 1998.

图 3.85 一品好茶网页设计图

够有效提高界面设计的效率。日本著名设计师伊达千代在《色彩设计原理》中总结了获得协调配色的"三个一致"配色法：色相一致、明度一致、纯度一致[①]。

色相一致即选取同一种名称的颜色，但改变这些颜色的明度和纯度。或是在色相上加少量变化，也不会破坏统一感。图 3.86 为"一品好茶"网站的配色提取图，可以看出它是采用色相一致原则来配色的。

---

① 伊达千代.色彩设计原理 [M].悦智文化，译.北京：中信出版社，2011.

Tips：分析一个图像的色彩构成，可以将图像导入 PS 中，选择滤镜 > 像素化 > 马赛克化，便能将复杂图像转变为色块，从而更加明了地观察图像配色。

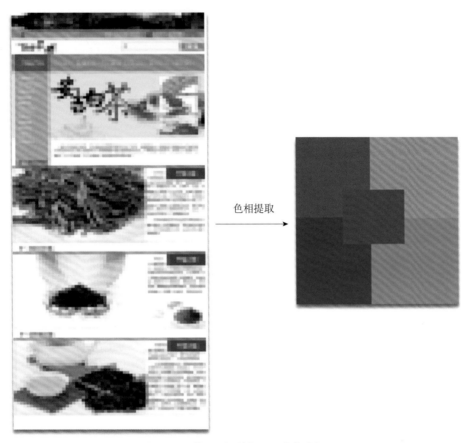

色相提取

图 3.86　"一品好茶"网页色相提取

明度一致原则是指无论采用什么色相的颜色，其明亮程度都保持一致，这样就不会显得某一颜色过于突兀（如图 3.87）。

一品好茶	一品好茶
一品好茶	**一品好茶**
一品好茶	一品好茶
一品好茶	一品好茶

采用 Lab 值中 Light 值相同（=70）的四种颜色，四种颜色搭配协调　　采用 Lab 值中 Light 值不同的四种颜色，可见明度低的颜色容易突出

图 3.87

Tips：在 PS 的颜色选择中采用 Lab 模式，固定 L（light）值，改变其他两个参数，可以实现明度一致原则。

纯度一致原则是指色彩饱和度一致。饱和度低的配色让人感觉稳重（如图 3.88 右），饱和度高的色彩则让人感觉有精神（如图 3.88 左）。

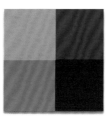

图 3.88

Tips：在 PS 的颜色选择中采用 HSB 模式，固定 S（Saturation）值，改变其他两个参数，可以实现明度一致原则。

3. 色彩的诱目效应

人眼在持续使用某一界面时会留下一连串的视觉焦点，这些焦点的轨迹被称为视线流。视线流的形成来源于视觉注意力转移机制，包括主动转移和被动转移，这种转移可以通过营造色彩、形状等元素的差异性来实现。

张豹、黄赛等在《工作记忆表征捕获眼动中的颜色优先性》[1]一文中指出，无论是外部的知觉表征还是内部的记忆表征，颜色属性对视觉注意的引导皆具有一定程度的优先性；而另一些属性，如形状，对注意力的引导效力要差一些。

色彩心理学研究表明，彩度高的色彩比彩度低的色彩诱目性要高，且暖色调比冷色调的诱目性要高。所以视线流往往从高彩度色彩流向低彩度色彩，或从暖色调流向冷色调。如图 3.89 中的图标，从彩度和冷暖调的诱目程度来看，用户的视线流如箭头方向所示。

图 3.89　色彩引导

---

① 张豹,黄赛,侯秋霞.工作记忆表征捕获眼动中的颜色优先性 [J].心理学报，2014（1）：17－26.

因此，在设计中如果遵循色彩的诱目规律，能起到诱导用户视线的作用，设计师可以根据网站需求和逻辑善用这条原则，这样能够潜在地引导用户学习使用网站的应用。

二、了解用户习惯——可用性测试

（一）可用性测试的意义

我们定义的可用性测试是一种定性的测试，我们并不使用可用性测试来证明某个客观事实，因此它可以不必是特别科学或准确的。只要是适用于你的应用或网站的测试方法，都可以成为你改进设计的参考依据。

尽管我们都对"用户体验""用户核心"这样的字眼十分熟悉，但真正知道如何去做的人却很少。而设计的意义在于发现用户的需求并满足他们，可用性测试便是帮助我们找寻用户需求以及产品漏洞的方法，但事实是，没有一款产品是没有缺陷的，因此我们更需要去做。

再有经验的设计师也不可能预想到所有访问自己网站或者使用自己应用的用户的需求，而用户却可能因为网站应用的某一点不适感而选择放弃使用，毕竟大多数的网站应用都有很多同类竞品在等待用户选择。事实证明简单的可用性测试可以起到极大的效果。史蒂夫·克鲁格（Steve Krug）在《妙手回春：网站的可用性测试及优化指南》中就提到过一个案例，该案例证明简单的可用性测试甚至可以为一家公司节省100000美元。当然，对于大多数读者而言，可用性测试可能没有起到这么明显的帮助，但作为一个为改善用户体验的设计师而言，将灵感落到你的目标用户上，真正为他们着想是设计师的基本职业素养。

因此，无论是哪种测试方法，可用性测试都能帮助设计师及时发现问题，并真正从用户体验角度出发设计。

（二）DIY可用性测试法

在产品初期线框图绘制完成后，就可以进行早期可用性测试。通过虚构任务来测试线框图，从而确定网站应用的导航或功能是否可用。例如询问用户"如何获得某个网页内的信息或应用功能"并请用户根据线框图描述自己获得该信息所进行的操作。早期可用性测试有助于在产品开发之前就发现问题，设计师可以据此改变线框图，从而避免直接开发产生的损失。

初版的产品制作完成后，便可以进行后期的可用性测试。后期可用性测试方法有很多种，包括小样本测试、大样本测试、比较测试和基准测试等，但针对大多数的用户而言，并没有时间和财力去准备特别专业复杂的可用性测试。因此我们将推荐史蒂夫·克鲁格的"DIY可用性测试"法[1]，这种方法的测试成本低，效率快，虽然该法主要用于网站的可用性测试，但对于移动应用类也同样适用，其主要特点为：

测试频率：每个月一个上午，包括测试、总结以及决定要修复哪些问题。每个月一个上午是最低频率，如果有条件增加次数当然最好。

测试方法：招募潜在用户来使用产品，并采用录屏软件录下用户使用网站应用的过程。观察员在一旁询问观察，并记录下存在的问题。测试应该由多个观察员来观察，这样可以从不同角度来发现问题。

测试结果：搜集记录撰写 1 ～ 2 页的文档。整个开发小组及任何利益相关方对所做笔记进行核对并决定修复的问题。

这种测试的优点类似于敏捷开发，能够快速地找出当下最严重的问题并解决，避免测试成本过大。

DIY 测试的具体流程：

1. 招募测试参与者：史蒂夫·克鲁格建议招募测试者应遵循"宽松原则"，即不一定锁定为目标用户，而是应该针对不属于目标用户的人群，因为大型网站的目标用户人群往往成分复杂并且不易寻找。但针对小型的网站应用开发，我们建议确定目标用户后还是尽量寻找目标用户进行测试。在人数方面，史蒂夫·克鲁格经过多年实践认为测试 3 位用户即可。

2. 制定任务清单：招募完成后，我们将针对自己应用的功能为参与者制定 5～10 件需要完成的任务清单，并将任务转换为参与者能够阅读理解的场景脚本，并选一人先对场景进行先导测试，以修改场景不明确的地方。

3. 测试本身：包括测试前的预热环节（环境准备、欢迎、宣读脚本）、执行（使用产品、执行任务）、分析（问题探讨）。预热环节主要是排除影响测试的干扰因素以及让参与者适应环境，执行过程是对预设任务的完成，为了获取有效的信息，观察员不应该对参与者有使用过程上的引导。分析过程是观察员对参与者的提问过程，作用在于发现参与者使用过程中的问题。

---

[1] 克鲁格.妙手回春：网站可用性测试及优化指南 [M].袁国忠，译.北京：人民邮电出版社，2010.

三、审美体验与设计

（一）视觉个性化

对于网站应用，问题在于很容易出现同质化产品，完全创新一款前所未有的作品实际很难，毕竟现在对用户互联网需求的探索已经接近饱和。因此，如果想要创作一款优秀的作品，便可以从视觉的个性化方面入手。很多优秀的作品都是利用了这一规律。例如2014年风靡一时的"MYOTee脸萌"软件，便是由于它逗趣但精巧的视觉设计而获得大批用户的喜爱，从而从同类软件中脱颖而出。而其CEO郭列也曾经透露他们通过各种途径找到国内的知名漫画家来为"脸萌"做设计，这才保证了"脸萌"的视觉设计质量。

图3.90 "脸萌"软件中的表情

（二）功能微创新的五个策略

虽然现今的网站应用种类已经丰富到能满足大多数用户的需求，但对于想要继续寻找漏网之鱼的创作者，却还是可以从细节处去找寻创作的灵感，这便是微创新。德鲁·博迪、雅各布·戈登堡在营销学专著《微创新：5种微小改变创造伟大产品》中通过对强生、宝洁、通用公司等顶尖公司的多个品牌进行分析后指出，好产品的创新并非来自天马行空、惊世骇俗的发明，而多是通过在现有框架内进行微小改进而达到创新效果。他们将微创新的方法归结为五大策略——减法策略、除法分散策略、乘法策略、任务统筹策略和属性依存策略[1]。参考这五大策略并结合网站应用创

① 博迪，戈登堡.微创新：5种微小改变创造伟大产品[M].钟莉婷，译.北京：中信出版社，2014.

作的规律，我们将网站应用的微创新策略归结为以下五种：

1. **功能减法**

少即是多，在利用减法原则时，应当注意减去的功能不能是影响作品整体效果的，并且思考减去该功能后会对作品造成什么影响。将某一种功能尽可能做到最好，例如同是笔记软件，Noteshelf 和 GoodReader 便因为顺滑流畅的手写功能脱颖而出，成为同类产品中的领先者。

2. **分散重组功能**

分解重组可以产生新的功能，或是以一种全新的形式来呈现某个已有的功能。它可以打破现有的同类应用和网站的功能规律，从别的角度来找寻自己的功能组合方法。

3. **乘法策略**

将某些功能部件进行复制，如手机的前后置摄像头就是对摄像头功能进行复制，从而达到创新。在设计网站和应用的功能时，可以对某些功能进行复制，并询问自己这种复制是否为用户提供了更多可用性。但运用乘法策略时不是简单地添加，而应该对添加的部件进行改变，才有可能实现真正的创新。

4. **任务统筹**

在"框架内"为你的产品添加附加任务，这种任务可以是新任务，也可以是产品其他构件已经可以执行的任务。例如网站登录时的验证码系统能起到保护用户账户的作用。

5. **属性依存**

即让原本不相干的属性以一种有意义的方式关联，需要注意的是这两种属性应该同为两个变量，可以将某几种已有功能的属性变量列出，然后找寻它们之间的关联性，并通过改变某一变量的属性，思考另一因变量会出现的效果。例如可以将屏幕亮度与声音相关联，便可以打造出具有独特效果的 H5 页面。

采用以上五种策略可以帮助你在设计自己的网站应用时以一种有迹可循的方法进行创新，而每一个原则的背后都需要提出的一个问题就是"我这样做对用户有没有什么价值"，这也帮助你真正从用户角度出发去设计。

（三）怪异的契合

在许多设计师都思考如何满足大多数人需求的时候，有的设计师便注意到了小众群体的一些有趣的需求点，由此创作出一批令人忍俊不禁的作品。创作其实就是反映人的感情和需求，无论这种需求是来自主流还是非主流。如果具有敏锐的视角，反其道而行有时更显设计师才气，何乐而不为。对于这类作品，我们发现吸引人的设计往往具有以下两个特点：

1. 有规律地打破常规

艺术创作上打破常规是一件不容易的事，常常会伴随主流创作风格的打压，人类几千年的艺术史中此类例子不胜枚举，有的艺术家甚至为此穷困潦倒、失去生命。好在我们生活在一个创作成本和后果都没有那么巨大的开放年代，打破常规甚至是被人所鼓励与追捧的。但毕竟我们做的不是纯粹的艺术，而是为人所用的产品，因此这种创新并不是肆意妄为的创新，而是有规律可循，这种规律便是需求。结合需求打破常规，便是很多独特应用的灵感来源。

反社交应用——Hell is the Other People（他人，就是地狱）

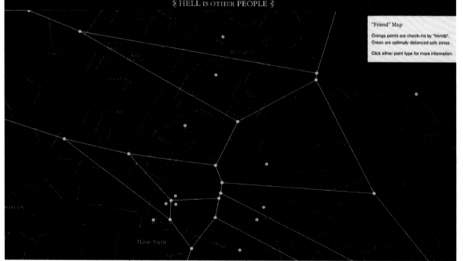

图 3.91　Hell is Other People 界面

对于社交网络大行其道的今天，这款由 Scott Garner 开发的软件从反社交的角度出发，设计出让人躲避朋友的应用，力图讽刺社交网络带来的社交过剩以及独立思考时间缺失的现象。这个应用能追踪你好友的位置，然后计算出可以让你完全避开他们的路线，在躲避他们的同时，其实又是另一种形式的社交行为。

2. 善用幽默

没有人会拒绝幽默，因为幽默是点到为止的快乐的智慧。如果能在一款作品中加入合适的幽默，它无疑会成为这款作品画龙点睛式的闪光点。

察言观色的日式幽默——"阅读空气"

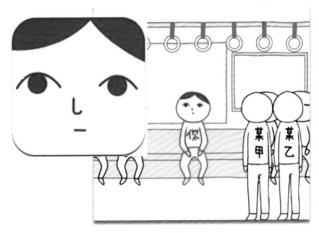

图 3.92　"阅读空气"Icon 和界面

　　这款充满日式幽默的软件其实是一款测试人察言观色能力，帮助人改善人际关系的休闲应用。但因其搞怪的设计和无法预测的测试结果而受到广大人群的喜爱。其成功的秘诀在于设计上吸引了特定日式风格喜爱者的眼光，同时功能上又具有独特性和可探索性，因此广受欢迎。

　　从以上两款应用可以看出，审美效果往往来自恰到好处的独特性，对于一本教人创作的书，我们鼓励所有读者实现你心中那个独特的想法，也许它就能成为下一个令人惊叹的作品！

图书在版编目（CIP）数据

数字媒体创作 / 黄心渊等著 . --北京：中国传媒大学出版社，2017.7（2024.5 重印）
新媒体与艺术系列教材
ISBN 978-7-5657-2016-1

Ⅰ.①数… Ⅱ.① 黄… Ⅲ.① 数字技术—多媒体技术—高等学校—教材 Ⅳ.① TP37

中国版本图书馆 CIP 数据核字 (2017) 第 117854 号

数字媒体创作
SHUZI MEITI CHUANGZUO

著　　者	黄心渊　蒋希娜　等	
责任编辑	黄松毅	
特约编辑	张　静	
封面设计	拓美设计	
责任印制	李志鹏	

出版发行	中国传媒大学出版社			
社　　址	北京市朝阳区定福庄东街 1 号		邮　编	100024
电　　话	86-10-65450528　65450532		传　真	65779405
网　　址	http://cucp. cuc. edu. cn			
经　　销	全国新华书店			

印　　刷	艺堂印刷（天津）有限公司			
开　　本	787mm×1092mm　1/16			
印　　张	12.5			
字　　数	210 千字			
版　　次	2017 年 9 月第 1 版			
印　　次	2024 年 5 月第 4 次印刷			

书　　号	ISBN 978-7-5657-2016-1 / TP · 2016		定　价	65.00 元

本社法律顾问：北京嘉润律师事务所　郭建平